桃栽培关键技术与疑难问题解答

编著者

马之胜　贾云云　王越辉

马文会　武志坚　赵清涛

张宪成

金盾出版社

内容提要

本书以介绍桃树栽培的关键技术为基础,以问答形式对桃树育苗技术,桃园建立,桃树整形修剪,桃树土肥水管理,桃树花果管理,桃树主要病虫害防治,果实成熟、采收、包装等技术要点、难点做了详细阐述。本书的突出特点是贴近桃生产实际,栽培技术高效实用,语言通俗易懂,是能让广大桃生产者增收的一本良好教材。本书也可供基层种植技术人员阅读参考。

图书在版编目(CIP)数据

桃栽培关键技术与疑难问题解答/马之胜,贾云云,王越辉等编著. — 北京:金盾出版社,2014.12(2019.3重印)
ISBN 978-7-5082-9728-6

Ⅰ.①桃… Ⅱ.①马…②贾…③王… Ⅲ.①桃—果树园艺—问题解答 Ⅳ.①S662.1-44

中国版本图书馆 CIP 数据核字(2014)第 237014 号

金盾出版社出版、总发行

北京太平路 5 号(地铁万寿路站往南)
邮政编码:100036 电话:68214039 83219215
传真:68276683 网址:www.jdcbs.cn
北京万博诚印刷有限公司印刷、装订
各地新华书店经销

开本:850×1168 1/32 印张:5.25 字数:132 千字
2019 年 3 月第 1 版第 4 次印刷
印数:13 001~16 000 册 定价:16.00 元
(凡购买金盾出版社的图书,如有缺页、
倒页、脱页者,本社发行部负责调换)

前言
FOREWORD

广义的桃树栽培管理包括四大环节，即病虫害防治、整形修剪、土肥水管理和花果管理。

病虫害防治是获得产量和品质的保证。如果病虫害没有防治好，就会造成果实减产或品质降低，严重者甚至造成死树，所以病虫害防治是桃树管理中最重要的环节之一。它是通过"认识病虫害（危害情况和发生规律）——选择防治方法（防治时间、采取措施、农药选择等）——有效控制"的过程实现的。

整形修剪的过程是一个调整的过程，通过去掉桃树的部分组织（枝条、新梢）或者改变枝条的角度或方向，调节生长和结果之间的关系，达到生长与结果的协调。

土肥水管理是一个增加树体营养（提供给桃树所需的营养与水分）的过程，同时也是一个改进土壤理化性能，为根系创造良好生态环境的过程。

花果管理就是在以上3个环节的基础上，通过对花（培育出优质花芽，开出优质的花朵，疏花和授粉）、果实数量控制（疏果）和质量控制（套袋和反光膜等）等，达到最终目的——高产优质。

在以上每个环节中，均有一系列的关键技术，这些关键技术是普遍性的单项技术，有些果农现在还未能掌握。所以，在实际生产中很多果农经常会遇到一些疑难问题,或带有一定的特殊性,或是综合性技术的关键点。出现这些问题主要是由于对桃树生物学特性、土壤特性和病虫害特性不了解,或是没有按要求去做导致的。

为此,我们将生产中存在的问题分为关键技术和疑难问题两部分分别设问题进行解答。

本书以介绍新技术为主,语言简洁,浅显易懂,配以清晰的图、表,使农民易于实施和操作。但与此同时,编者还想借此传播一些新的理念,如果实品质、果品安全、可持续发展、时间观念、观察与总结等。只有在这些理念指导下,果农才能有意识地、自觉地进行科学种植,生产出优质安全的果品,实现高产、高效。桃树是多年生作物,地上和地下管理都很重要,尤其是地下管理更要重视。果园管理者要做到不误农时,尤其是病虫害防治,须掌握好防治时间。此外,提倡果农记录桃树管理档案,及时记下所做农事操作,成功的经验、失败的教训,以及观察到的现象等。

本书具有如下特点:一是实用性和针对性强。所有问题均是以解决生产中实际问题为出发点和落脚点。二是科学性和新颖性,本书采用的均为当前最新栽培技术,可有效地指导农民增产、增收。三是采用问答形式,便于读者阅读,利于答疑解惑。

由于时间仓促,书中难免存在疏漏、欠缺之处,敬请广大读者批评指正,以臻完善。

编著者

目　录

一、桃树育苗技术

（一）关键技术 ……………………………………… (1)

　1. 苗圃地选择应具备什么条件? …………………… (1)

　2. 怎样进行苗圃地规划? …………………………… (1)

　3. 怎样选择砧木类型? ……………………………… (1)

　4. 砧木种子怎样进行沙藏处理? …………………… (2)

　5. 播种时间和播种量怎样确定? …………………… (3)

　6. 播种前要做好哪些准备? 播种后怎样进行管理? …… (3)

　7. 苗木怎样进行嫁接? ……………………………… (3)

　8. 怎样管理嫁接苗? ………………………………… (5)

　9. 苗木如何出圃、假植、包装和运输? …………… (5)

　10. 苗木分级的标准是什么? ……………………… (5)

（二）疑难问题 ……………………………………… (6)

　1. 怎样提高砧木出苗率? …………………………… (6)

　2. 怎样鉴别桃种子生活力? ………………………… (7)

　3. 怎样确保桃种子质量? …………………………… (7)

　4. 采集接穗应注意什么? …………………………… (7)

　5. 夏季采的接穗怎样延长贮藏期? ………………… (8)

　6. 怎样提高桃树嫁接成活率? ……………………… (8)

　7. 怎样提高三当速生苗的质量? …………………… (8)

二、桃园建立

（一）关键技术 …………………………………………（10）

  1. 桃树对温度有何要求？ ……………………………（10）

  2. 桃树对光照有何要求？ ……………………………（11）

  3. 桃树对水分有何要求？ ……………………………（11）

  4. 桃树对土壤有何要求？ ……………………………（12）

  5. 还有哪些因素影响桃树生长、结果？ ……………（12）

  6. 选建桃园地址时应考虑哪些因素？ ………………（13）

  7. 桃树优良品种应当具备什么特点？ ………………（14）

  8. 桃树品种选择应注意什么问题？ …………………（14）

  9. 桃树引种时应注意哪些问题？ ……………………（16）

  10. 桃树适宜的定植时期是什么时候？ ………………（16）

  11. 桃树定植前要做哪些准备？ ………………………（16）

  12. 怎样进行桃树苗木定植？ …………………………（17）

  13. 桃树苗木定植后怎样进行管理？ …………………（18）

（二）疑难问题 …………………………………………（18）

  1. 在重茬桃园建园，采取什么措施可以减轻危害？ …（18）

  2. 目前桃园适宜的栽植密度是多少？ ………………（19）

  3. 桃树高密栽植的利和弊是什么？ …………………（19）

  4. 桃树定植成活率低是怎么回事？ …………………（20）

  5. 南方平原种植桃树怎样进行起垄栽培？ …………（20）

  6. 桃树苗木选择应注意什么？ ………………………（20）

  7. 桃树芽苗定植有什么优点？ ………………………（21）

  8. 桃树品种高接换优的时间和方法是什么？ ………（21）

  9. 高接换优时，带木质部芽接操作技术是什么？ ……（22）

三、桃树整形修剪

（一）关键技术 …………………………………………（23）

　1. 桃树整形修剪的原则是什么？ …………………（23）

　2. 桃树整形修剪的主要依据有哪些？ ……………（24）

　3. 与桃树修剪有关的生物学特性是什么？ ………（24）

　4. 当前桃树整形修剪中存在哪些问题？ …………（25）

　5. 桃树短截有几种？何时应用？ …………………（27）

　6. 桃树疏枝技术怎样应用？ ………………………（28）

　7. 桃树在什么情况下进行回缩？ …………………（29）

　8. 三主枝开心形的树体结构是怎样的？ …………（30）

　9. 二主枝开心形的树体结构是怎样的？ …………（31）

　10. 纺锤形的树体结构是怎样的？ …………………（32）

　11. 桃幼树怎样整成三主枝开心形？ ………………（33）

　12. 桃幼树怎样整成二主枝开心形？ ………………（33）

　13. 桃幼树怎样整成纺锤形？ ………………………（33）

　14. 盛果期树主枝和侧枝怎样进行修剪？ …………（34）

　15. 盛果期树结果枝组和结果枝怎样进行修剪？ …（34）

　16. 长枝修剪技术有什么优点？ ……………………（35）

　17. 哪些品种适宜采用长枝修剪技术？ ……………（35）

　18. 长枝修剪中,长放枝条的长度、密度和角度多少
　　　合适？ …………………………………………（36）

　19. 长枝修剪中怎样应用疏枝、回缩和短截？ ……（37）

　20. 长枝修剪中结果枝的更新有哪两种方式？ ……（38）

　21. 夏季修剪的主要方法有哪些？怎样进行？ ……（39）

　22. 怎样进行夏季修剪？ ……………………………（40）

（二）疑难问题 …………………………………………（41）

　1. 夏季修剪中,修剪程度怎样掌握？ ……………（41）

2. 夏季修剪怎样巧用摘心？ …………………………… (41)

3. 栽植过密的树怎样进行修剪？ ………………………… (42)

4. 无固定树形的树怎样进行树体改造？ ………………… (42)

5. 结果枝组过高、过大的树怎样进行修剪？ …………… (43)

6. 未进行夏季修剪的树怎样进行修剪？ ………………… (44)

7. 长枝修剪应注意哪些问题？ …………………………… (44)

8. 冬季修剪时，如何合理利用徒长枝？ ………………… (45)

9. 怎样防止结果部位外移？ ……………………………… (45)

10. 无花粉品种修剪应注意什么？ ……………………… (46)

11. 为何培养结果枝组是桃树修剪中的重要内容？ …… (46)

12. 桃树整形修剪应注意什么？ ………………………… (46)

四、桃树土肥水管理

(一)关键技术 ………………………………………………… (48)

1. 桃树根系分布、生长及吸收有哪些特点？ …………… (48)

2. 桃树土肥水管理中存在哪些问题？ …………………… (49)

3. 生产无公害果品肥料使用标准是什么？ ……………… (49)

4. AA 级绿色果品生产允许使用的肥料种类有哪些？ … (50)

5. A 级绿色食品生产允许使用的肥料种类有哪些？ …… (50)

6. 生产 AA 级绿色果品的肥料使用原则是什么？ ……… (50)

7. 生产 A 级绿色果品的肥料使用原则是什么？ ……… (51)

8. 当前桃园土壤养分的特点是什么？ …………………… (51)

9. 桃树对主要营养的需求特点是什么？ ………………… (52)

10. 化肥的种类有哪些？ ………………………………… (53)

11. 化肥有什么特点？ …………………………………… (53)

12. 有机肥与化肥相比有什么特点？ …………………… (54)

13. 有机肥对桃树生长发育有什么好处？ ……………… (55)

14. 秋施有机肥有什么好处？ …………………………… (55)

15. 桃树秋施有机肥的方法有哪些? …………………… (55)

16. 桃树土壤追肥怎样施? ……………………………… (56)

17. 什么是灌溉施肥?有何优点?应注意什么? …… (57)

18. 桃园怎样进行作物秸秆覆盖? ……………………… (58)

19. 桃园生草有什么好处? ……………………………… (58)

20. 怎样进行桃园生草? ………………………………… (59)

21. 桃树对水分需求有什么特点? ……………………… (59)

22. 桃树应在什么时候进行灌水? ……………………… (60)

23. 桃园灌水方法有哪些? ……………………………… (60)

(二)疑难问题 ……………………………………………… (61)

1. 桃树合理施肥应遵循哪些原则? …………………… (61)

2. 旱地桃树怎样施肥? ………………………………… (62)

3. 盐碱地桃树怎样施肥? ……………………………… (64)

4. 酸性土壤桃树怎样施肥? …………………………… (64)

5. 黏性土壤桃树怎样施肥? …………………………… (65)

6. 沙质土壤桃树怎样施肥? …………………………… (65)

7. 桃园作物秸秆覆盖应注意什么? …………………… (66)

8. 自然生草选什么草种好? …………………………… (66)

9. 怎样进行秸秆还田?应注意什么? ………………… (67)

10. 桃园间作种植什么作物好? ………………………… (68)

11. 桃园清耕有什么优缺点? …………………………… (68)

12. 能否减少施肥次数,又能保证养分不断供应? …… (68)

13. 怎样提高化肥利用效率? …………………………… (69)

14. 施尿素后应注意什么? ……………………………… (70)

15. 长期施用化肥对土壤质量有何不良影响? ………… (70)

16. 桃树是忌氯作物吗? ………………………………… (71)

17. 影响桃树叶片黄化的因子有哪些? ………………… (71)

18. 防治桃树叶片黄化病应采取哪些主要措施? ……… (71)

19. 桃树叶片黄化后能喷硫酸亚铁吗？ …………………（72）

20. 优质桃园土壤具有什么样的特征？ ………………（72）

21. 丰产优质桃园的肥力指标是什么？ ………………（73）

22. 桃园土壤有机质为何能提供桃树所需的营养？ …（73）

23. 土壤有机质含量与土壤含水量有什么关系？ ……（73）

24. 桃园土壤有机质为何有保肥能力？ ………………（74）

25. 桃园土壤有机质为何能改善土壤理化性能？ ……（74）

26. 增加桃园土壤有机质含量有哪些途径？ …………（75）

27. 桃树施有机肥应注意哪些事项？ …………………（75）

28. 如何确定桃树施肥量？ ……………………………（76）

29. 桃树花期是否可以进行灌水？ ……………………（76）

30. 桃园为何提倡沟灌？ ………………………………（77）

31. 什么是调亏灌溉？ …………………………………（77）

32. 什么是根系分区灌溉？ ……………………………（78）

33. 怎样灌水才能减少桃果实裂果？ …………………（78）

34. 防止桃园遭受涝害有哪些措施？ …………………（79）

35. 桃园受涝害，应采取什么措施？ …………………（79）

36. 桃树春季发生干旱应采取什么措施？ ……………（80）

五、桃树花果管理

（一）关键技术 …………………………………………（81）

1. 桃树的花器有什么特点？ …………………………（81）

2. 无花粉品种坐果有什么特点？ ……………………（81）

3. 桃树晚上开花吗？ …………………………………（81）

4. 桃树人工授粉有什么操作要点？ …………………（82）

5. 桃树疏花有什么好处？ ……………………………（82）

6. 桃树在什么时候疏花合适？怎样进行疏花？ ……（83）

7. 桃树怎样进行疏果？ ………………………………（83）

8. 桃树果实套袋有什么好处？ ……………………… (84)

9. 哪些桃树品种适宜套袋？ ……………………… (85)

10. 怎样选择果实的套袋？ ……………………… (85)

11. 桃果实套袋有什么技术要点？ ……………… (85)

12. 怎样进行桃果实解袋？ ……………………… (86)

13. 桃套袋及解袋后的管理应注意什么问题？ ……… (87)

14. 反光膜的选择应注意什么？怎样给桃树铺设
　　反光膜？ ……………………………………… (87)

(二)疑难问题 …………………………………………… (88)

1. 桃树人工授粉时应注意什么？ ……………… (88)

2. 一天中何时授粉效果好？ …………………… (89)

3. 蜜蜂在桃树上的授粉特性是什么？ ………… (89)

4. 什么样的气候条件有利于桃树坐果？ ……… (89)

5. 发育到什么时候的桃幼果大小与成熟时的果实大小
　　有密切关系？ ………………………………… (90)

6. 桃花芽的质量与坐果和果实大小有何关系？ …… (90)

7. 为何早凤王等无花粉桃品种在果实长到桃核大小时
　　还会落果？ …………………………………… (90)

8. 桃发生双胞胎果是怎么回事？ ……………… (90)

9. 桃奴是怎样形成的？ ………………………… (91)

10. 光照对桃果实品质的形成有何作用？ ……… (91)

11. 不同桃品种的结果枝结果特性有何不同？ …… (91)

12. 怎样促进桃果实着色？ ……………………… (92)

六、桃树主要病虫害防治

(一)关键技术 …………………………………………… (93)

1. 近几年桃树病虫害发生有什么特点？ ……… (93)

2. 造成病虫害发生的原因是什么？ …………… (94)

3. 危害桃树的蚜虫有几种？怎样进行防治？ ……… （94）

4. 怎样防治山楂红蜘蛛？ ……………………… （95）

5. 怎样防治二斑叶螨？ …………………………… （96）

6. 怎样防治梨小食心虫？ ………………………… （97）

7. 怎样防治桃蛀螟？ ……………………………… （98）

8. 怎样防治桃红颈天牛？ ………………………… （99）

9. 怎样防治桃桑白蚧？ …………………………… （100）

10. 怎样防治苹小卷叶蛾？ ……………………… （100）

11. 怎样防治桃潜叶蛾？ ………………………… （101）

12. 怎样防治桃绿吉丁虫？ ……………………… （101）

13. 怎样防治茶翅蝽？ …………………………… （102）

14. 怎样防治苹毛金龟子？ ……………………… （103）

15. 怎样防治白星花金龟？ ……………………… （104）

16. 怎样防治黑绒金龟？ ………………………… （105）

17. 怎样防治桃叶蝉？ …………………………… （105）

18. 怎样防治桃球坚蚧？ ………………………… （106）

19. 怎样防治桃小蠹？ …………………………… （107）

20. 怎样防治绿盲蝽？ …………………………… （107）

21. 怎样防治黑蝉？ ……………………………… （108）

22. 怎样防治蜗牛？ ……………………………… （109）

23. 怎样防治桃细菌性穿孔病？ ………………… （110）

24. 怎样防治桃疮痂病？ ………………………… （111）

25. 怎样防治桃炭疽病？ ………………………… （112）

26. 怎样防治桃褐腐病？ ………………………… （114）

27. 怎样防治桃树根癌病？ ……………………… （115）

28. 桃园天敌昆虫有哪些？ ……………………… （116）

29. 桃树上的寄生性天敌有哪些？ ……………… （117）

30. 怎样保护和利用桃园害虫天敌？ …………… （118）

(二)疑难问题…………………………………………………(119)

1. 南方桃树病虫害发生有什么特点？　…………………(119)

2. 为什么要强调病虫害农业防治技术？可以分为
   哪两类？　……………………………………………(120)

3. 病虫害农业防治技术中的土壤类管理措施
   有哪些？　……………………………………………(120)

4. 病虫害农业防治技术中的地上类管理措施
   有哪些？　……………………………………………(121)

5. 病虫害物理防治有哪些具体内容？　…………………(122)

6. 如何利用自然天敌控制害虫危害？　…………………(122)

7. 化学防治中怎样做既可以提高防治效果，又可以
   生产无公害果品？　…………………………………(123)

8. 为什么要综合运用各种防治方法才能取得较好的
   防治效果？　…………………………………………(124)

9. 怎样用信息素法进行害虫的预报？　…………………(124)

10. 桃树主干冻害后，为什么会加重红颈天牛的危害？　…(126)

11. 为什么说红颈天牛是桃园最主要的毁灭性害虫？　…(126)

12. 怎样正确使用农药，才能取得较好的防治效果？　…(126)

13. 在病虫害防治中应注意哪些问题？　…………………(127)

14. 在桃树上不得使用和限制使用的农药有哪些？　……(127)

15. 桃园清理要做哪些事？　………………………………(128)

16. 桃树怎样刮树皮更科学？　……………………………(128)

17. 配制农药应注意什么？　………………………………(130)

18. 喷药时应注意什么？　…………………………………(130)

19. 怎样预防桃树主干或主枝冻害？　……………………(131)

20. 怎样预防雹灾的发生？　………………………………(131)

21. 雹灾后的桃园管理措施有哪些？　……………………(132)

22. 桃树枝干日灼与哪些因素有关？防治枝干日灼有

哪些措施？ ……………………………………（133）
23. 怎样防止桃果实发生日灼？ ……………………（134）

七、果实成熟、采收、包装

（一）关键技术 ………………………………………（135）
1. 桃果实适宜采收期如何确定？ …………………（135）
2. 怎样合理进行桃果实采收？ ……………………（135）
3. 桃果实怎样进行科学合理包装？ ………………（136）
（二）疑难问题 ………………………………………（137）
1. 桃果实成熟度等级是怎样划分的？ ……………（137）
2. 不同品种的果实硬度有何差异？与采收有何关系？ …（137）

八、综合与其他

（一）关键技术 ………………………………………（139）
1. 提高桃果实内在品质的关键技术有哪些？ ……（139）
2. 减轻桃果实裂果的主要技术措施有哪些？ ……（140）
3. 减轻桃果实裂核的主要技术措施有哪些？ ……（140）
4. 怎样增加桃树树体的贮藏营养？ ………………（141）
5. 桃树果实采后还要进行什么管理？ ……………（142）
6. 桃树生长过旺不结果或结果少怎么办？ ………（143）
7. 怎样保持树势的中庸状态？ ……………………（143）
8. 中庸树势一旦转弱，应怎么办？ ………………（144）
9. 怎样进行桃树伤口保护？ ………………………（145）
（二）疑难问题 ………………………………………（146）
1. 桃树栽培管理的四大环节是什么？为什么四者
　　都很重要？ ……………………………………（146）
2. 从事桃生产应树立哪些观念？ …………………（147）
3. 怎样提高桃树经济寿命？ ………………………（148）

目　录

4. 增大桃果个的方法有哪些？ ……………………………（148）

5. 观光采摘桃园怎样选择品种？ ……………………（149）

6. 桃果实优质不优价怎么办？ ……………………（149）

7. 什么是桃园管理档案？建立桃园管理档案有什么
好处？ ………………………………………………（150）

8. 桃园管理档案应记录哪些内容？ ……………………（150）

参考文献………………………………………………………（152）

一、桃树育苗技术

（一）关键技术

1. 苗圃地选择应具备什么条件？

用作育苗的地块应具备以下条件：地形一致，地势平坦，背风向阳；土层深厚、质地疏松、排水良好的沙壤土；水源充足，有良好的灌溉条件，地下水位在 1 米以下；忌重茬地、多年生菜地及林木育苗地。

2. 怎样进行苗圃地规划？

苗圃地包括两部分：采穗圃和苗木繁殖圃，比例为 1：30。对规划设计出的小区和畦进行统一编号，对小区和畦内的品种登记建档，使各类苗木准确无误。

3. 怎样选择砧木类型？

（1）毛桃　为我国南北方主要砧木之一。分布在西北、华北、西南等地。小乔木，果实小，果皮有毛，味苦，涩味大，多不能食用。毛桃嫁接亲和力强，根系发达，生长旺盛，有较强的抗旱性和耐寒力。该树种适宜南北方的气候和土壤条件，为我国各地桃产区广泛使用。毛桃为实生繁殖，种类较多，果实大小不一；桃核的大小也不一致，但较山桃的大，长扁圆形，核上有点、线相间的沟纹。

（2）**山桃** 为我国北方桃产区的主要砧木，适于干旱、冷凉气候，不适应南方高温、高湿气候。山桃与栽培品种嫁接亲和力好，其主要特点是生长健壮，抗旱、抗寒性强。山桃为小乔木，树皮表面光滑，枝条细长，主根大而深，侧根少。与毛桃相比，山桃果实和种核均为圆形，果实不能食用，成熟时干裂。种核表面有沟纹和点纹。该树种主要在山西、河北、山东等地使用。

4. 砧木种子怎样进行沙藏处理？

（1）**沙藏种子时间** 一般在 12 月初进行。沙藏前先用温水浸泡 3～5 天，湿沙含水率 12％～15％。沙藏时间 100～120 天，温度 2℃～7℃。种子与沙子的体积比例为 1∶4～5。一般将种子与沙混合后置于沟或坑内贮藏。可在房后，或不易积水、透气性好的背阴处挖沟或坑，深度不超过 1 米，长和宽依种子多少而定（图 1-1）。秋播的种子不需沙藏。

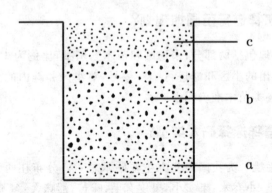

图 1-1 沙藏沟纵剖面示意图

a. 底沙 b. 种子与沙子的混合物 c. 覆盖的沙子

5. 播种时间和播种量怎样确定？

播种量一般毛桃 $40\sim50$ 千克/667 米^2，山桃 $20\sim30$ 千克/667 米^2。播种时期分春播和秋播。秋播一般在 11 月份至土地结冻前进行，种子可不进行沙藏，浸泡 $3\sim5$ 天便可直接播种，播种后立即浇 1 次透水。春播在土壤解冻后进行，一般在 3 月下旬进行。采用宽窄行沟播法，宽行行距 $60\sim80$ 厘米，窄行行距 $20\sim25$ 厘米，种子间距 $10\sim15$ 厘米，播种沟深 $4\sim5$ 厘米，播种后覆土、耙平。

6. 播种前要做好哪些准备？ 播种后怎样进行管理？

播种前要进行耕翻和精细整地。首先，施入腐熟农家肥 $4\,000\sim5\,000$ 千克/667 米^2。然后，混施过磷酸钙 $20\sim25$ 千克/667 米^2，耙平做畦。最后，灌水沉实。

播后要进行精细管理。保持土壤疏松无杂草，结合灌水追肥，施尿素 $6\sim8$ 千克/667 米^2。生长季可结合喷药，进行叶面喷施 300 倍尿素溶液 $2\sim3$ 次，并及时防治病虫害。实行秋播的，如果翌年春种子出苗前遇干旱，则再浇 1 次水。

7. 苗木怎样进行嫁接？

(1)采集接穗 选品种纯正、生长健壮、无检疫对象的优质丰产树作采穗母株。芽接选用已木质化的当年生新梢中部。

(2)接穗处理 芽接接穗，随采随用，剪去叶片，留下叶柄，用湿布包好备用。

(3)接穗贮藏 如不立即使用，应将其放入盛有浅水（深 3 厘米）的容器中保存 $3\sim7$ 天，每天换水，并放在阴凉处。枝条在运输中要防止高温和失水。

(4)嫁接方法和时间 培育芽苗和2年生苗,在8月份嫁接,嫁接部位离地面10厘米。培育1年生苗在6月中下旬嫁接,嫁接部位离地面15~20厘米。在嫁接前5天左右,浇1次水。采用"T"形或带木质部芽接法。当砧木和接穗都离皮时,可用"T"形芽接法(图1-2),如两者有1个不离皮时,要采用带木质部芽接法(图1-3)。不管采用哪种方法,都应将芽眼露在塑料布外面。不要在下雨、低温和大风时进行嫁接。

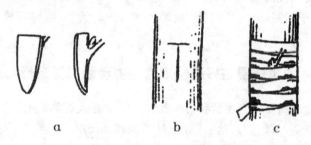

图1-2 "T"形芽接法

a. 削芽片 b. 砧木切口 c. 绑缚

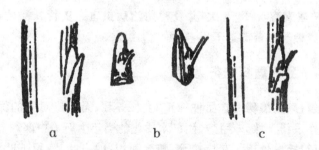

图1-3 带木质部芽接法

a. 削砧木 b. 削芽片 c. 插接芽

8. 怎样管理嫁接苗？

芽接后 10～15 天检查嫁接苗成活率，未成活的进行补接。早春剪砧后，追施尿素 15～20 千克/667 米²，并及时浇水、保墒。8～9 月份喷施磷酸二氢钾 300 倍液 1～2 次。及时防治蚜虫、螨类、潜叶蛾、金龟子和白粉病等苗木病虫害。

9. 苗木如何出圃、假植、包装和运输？

（1）**出圃** 在苗木落叶至土壤封冻前，或翌年春土壤解冻后至萌芽前出圃。如土壤干旱，挖苗前应先浇水，再挖苗。挖苗时需在距离苗木 20 厘米以上的位置挖掘，尽量使根系完整。注意当天挖苗后，应在当天或翌日进行假植，防止苗木失水。

（2）**假植** 临时假植时，苗木应在背阴干燥处挖假植沟，将苗木根部埋入湿沙中进行假植。越冬假植，假植沟应挖在防寒、排水良好的地方，苗木散开后，将苗木的 2/3 埋入湿沙中，及时检查沙子温、湿度，防止霉烂。

（3）**包装** 外运苗木每 50 株一捆或根据用户要求进行保湿包装。苗捆应挂标签，注明品种、苗龄、等级、检验证号和数量。

（4）**运输** 苗木在汽车长途运输前，应给其根部蘸些泥浆，一般还需盖防风棚布。苗木可在途中坚持 2～3 天。火车运输时，需用蒲包、草袋、塑料布、编织袋等将苗木包装好，以防苗木途中失水或磨损。在气候寒冷时，不宜长途运输苗木，以免根系受冻。另外，长途运输苗木时，必须有检疫证明。

10. 苗木分级的标准是什么？

依据中国农业科学院郑州果树研究所等单位制定的桃苗木质量标准，将苗木进行分级。1～2 年生苗及芽苗的质量见表 1-1。

特别注意那些感染根癌病、根腐病和根结线虫等病虫害的苗木,必须及时除去。

表1-1　苗木质量基本要求

项　目			要　求		
			2 年生	1 年生	芽　苗
品种与砧木			纯度≥95％		
根	侧根数量（条）	毛桃、新疆桃	≥4	≥4	≥4
		山桃、甘肃桃	≥3	≥3	≥3
	侧根粗度（厘米）		≥0.3		
	侧根长度（厘米）		≥15		
	病虫害		无根癌病和根结线虫病		
苗木高度（厘米）			≥80	≥70	—
苗木粗度（厘米）			≥0.8	≥0.5	—
茎倾斜度（度）			≤15		
枝干病虫害			无介壳虫		
整形带内饱满叶芽数（个）			≥6	≥5	接芽饱满,不萌发

（二）疑难问题

1. 怎样提高砧木出苗率?

(1)种子质量　种子质量的好坏是决定出苗率的关键。如果是秋播,种子一定要用质量好的。春播时,将沙藏后发芽的种子直接播种,未发芽的则去壳播种。

(2)播种质量 包括整地、土壤墒情和播种深度等。要求畦面整平,畦土细碎,无大颗粒。

(3)播后覆膜 覆膜可以提高地温,并保持土壤湿度,有利于出苗。

2. 怎样鉴别桃种子生活力?

(1)形态鉴定法 有生活力的种子具有如下特点:种子大小均匀,籽粒饱满,千粒重较大,种皮有光泽,无霉变气味,无病虫危害;剥去种皮后胚和子叶呈乳白色,不透明,压之有弹性,不出油。反之,则为失去生活力或生活力极弱的种子。

(2)染色法 轻轻砸碎外壳,小心剥去种皮,放入染色剂(5%红墨水,或0.1%靛蓝胭脂红)中,染色1~2小时,再将种子取出,用清水冲洗干净。观察染色后的种子,凡胚和子叶完全染色者,为无生活力的种子;胚或子叶部分染色者,为生活力弱的种子;胚和子叶没有染色者,为有生活力的种子。

3. 怎样确保桃种子质量?

第一,到有资质或信誉较高的单位购买桃种子。

第二,需求量少时,可以自己去采集种子;或在自己桃园中种植一些毛桃树来采集种子。

4. 采集接穗应注意什么?

(1)砧木粗度 要依据砧木的粗度采集,接穗粗度要小于砧木粗度。嫁接三当苗(当年播种、当年嫁接、当年成苗)要采集稍细的接穗;嫁接半成苗,要采集粗度较大的接穗。

(2)接穗采集部位 不采生长过旺的徒长枝及不见光的背下枝。

5. 夏季采的接穗怎样延长贮藏期?

尽快将接穗叶片剪除干净,从叶柄处剪掉叶片;放于阴凉处,用湿毛巾包住,有条件者可放在冰箱冷藏室内,可以贮藏 1 个月以上。

如从其他地方买接穗,可将接穗放于泡沫箱中,再放入一些冻成冰的矿泉水瓶。注意矿泉水瓶与接穗要用纸箱隔开,这样做可以起到降低箱内温度、延长苗木贮藏期的作用。

6. 怎样提高桃树嫁接成活率?

第一,砧木在嫁接前要浇水,接穗质量要好。

第二,嫁接刀要锋利,嫁接速度要快。

第三,天气适宜,要在天气晴好的时候进行嫁接,不要在雨天嫁接。

第四,接芽的底面积要和嫁接部位削切的斜面大小基本一样,这样接面伤口裸露少,可减少感染,减少水分蒸发,接芽和接面愈合也更快。

第五,接芽的厚度和嫁接部位削切深度吻合,愈合快。

第六,接芽的大小和苗木干粗细相"匹配",即小芽接细苗,大芽接粗苗。充分利用接穗。另外,包扎要紧、密。当天采集的接穗尽可能当天用完。

7. 怎样提高三当速生苗的质量?

(1)早播种 一般在 2 月下旬至 3 月初播种。播种后进行地膜覆盖,提高地温,保持土壤湿度,促其早萌芽。幼苗达到 5～6 片叶时追施氮肥并浇水,促进幼苗生长。

（2）**适时嫁接**　嫁接时间一般从 5 月下旬开始，最晚在 6 月中旬结束。嫁接时地面 15 厘米处砧木苗的直径应达到 0.6 厘米以上，嫁接部位一般距地面 10～25 厘米处。可采用"T"形芽接法或带木质部芽接法。

（3）**加强管理**　为促进嫁接芽的萌发，嫁接后在接芽上方留 3 片叶立即剪砧，待接芽萌发后紧贴接芽剪砧。对于接芽下方保留有 6～7 片完好叶片的，嫁接后即可马上剪砧。及时除去砧木萌蘖。接芽大量萌发后，隔 10～15 天浇 1 次水，进行松土除草。进入雨季后，应及时排水防涝，以防苗木根腐病发生。结合松土除草，对其追施 0.5％尿素；9～10 月份叶面喷施 0.2％磷酸二氢钾溶液 2～3 次，促使苗木上芽子饱满。

二、桃园建立

（一）关键技术

1. 桃树对温度有何要求？

桃树为喜温树种。适栽地区的年平均温度为 12℃～15℃，生长期平均温度为 19℃～22℃时，桃树就可正常生长发育。

桃树属耐寒果树，一般品种在－22℃～－25℃时可能发生冻害。一些不耐寒冷的品种，如中华寿桃等，在零下十几摄氏度就可发生冻害。桃树各器官中以花芽耐寒力最弱，有些耐寒力弱的品种，如五月鲜、深州蜜桃等，在－15℃～－18℃时即可发生冻害。桃花芽在萌动后的花蕾变色期受冻温度为－1.7℃～－6.6℃，开花期和幼果期的受冻温度分别为－1℃～－2℃和－1.1℃。

果实成熟期间昼夜温差大，干物质积累多，风味品质好。6～8月份的夏季高温、多雨，尤其夜温高，是影响桃果实品质的重要因子。桃树在冬季也需要一定的低温来完成休眠过程，即需要一定的"需冷量"。桃树解除休眠所需的需冷量，一般是以 0℃～7.2℃的累积时数来表示。一般栽培品种的需冷量为 400～1 200 小时，如不能满足需冷量而表现为延迟落叶，则翌年桃树发芽迟，开花不整齐，产量下降。

2. 桃树对光照有何要求？

桃树原产海拔高、日照长的地区，具有喜光的特性，对光照极为敏感。一般日照时数在 1 500～1 800 小时即可满足其生长发育需要。日照越长，越有利于果实糖分积累和品质提高。

桃树光合作用最旺盛的季节是 5～6 月份两个月。光照不足时，枝条容易徒长，树体内碳水化合物与氮素比例降低，花芽分化不良。

桃树对光照敏感，在树体管理上应充分考虑其喜光的特点。一般树形宜采用开心形。在树冠外围，光照充足，花芽多而饱满，果实品质好；反之，在内膛荫蔽处的结果枝，其花芽少而瘦瘪，枝叶易枯死，结果部位外移，果实品质差，产量下降。此外，桃树种植密度不能太大，以免遮阴。

3. 桃树对水分有何要求？

桃树根系浅，根系主要分布于 20～50 厘米的土壤层。根系抗旱性强，土壤中含水量达 20％～40％时，根系生长较好。桃树对水分反应较敏感，尤其水分多时更为敏感。桃树根系呼吸旺盛，耐水性弱，最怕水淹，连续积水 2 昼夜就会造成落叶和死树。在排水不良和地下水位高的桃园，会引起根系早衰、叶薄、色淡，进而落叶落果、流胶以至植株死亡。如果缺水，根系会生长缓慢或停长；如树体有 1/4 以上的根系处于干旱土壤中，地上部就会出现萎蔫现象。

桃果实含水量达 85％～90％，枝条为 50％，若供水不足，则会严重影响果实发育和枝条生长。但在果实生长和成熟期间雨量过大，则易使果实着色不良，裂果加重，炭疽病、褐腐病、疮痂病等病害发生严重。

我国北方桃产区的年降水量为 300～800 毫米,如能进行桃园灌溉,即使雨量少,但因光照时间长,果实也同样个大、糖度高、着色好。

4. 桃树对土壤有何要求?

桃树虽可在沙土、沙壤土、黏壤土上生长,但最适土壤还是排水良好、土层深厚的沙壤土。在 pH 值 5.5～8 的土壤条件下,桃树均可生长,但最适的 pH 值为 5.5～6.5 的微酸性土壤。

在沙地上,桃根系易患根结线虫病和根癌病,且肥水流失严重,使树体营养不良,果实早熟而小,盛果期短,产量低。在黏重土壤上,易患流胶病。在肥沃土壤上桃树营养生长旺盛,易发生多次生长,并引发流胶,延迟进入结果期。土壤 pH 值过大或过小都易产生缺素症。当土壤中石灰含量较高、pH 值在 8 以上时,会缺铁而发生黄叶病,尤其在排水不良的土壤上更为严重。

根系对土壤中氧气含量很敏感,土壤含氧量 10%～15% 时,地上部分生长正常;10% 时生长较差;5%～7% 时根系生长不良,新梢生长受抑制。桃树根系在土壤含盐量 0.08%～0.1% 时,生长正常。达到 0.2% 时,表现出盐害症状,如叶片黄化、枯枝、落叶和死树等。

5. 还有哪些因素影响桃树生长、结果?

(1)地势 桃树在山地生态最适区寿命比平原长。山地昼夜温差大、光照充足,湿度小,使果实含糖量和维生素 C 含量提高,同时增加了果实耐贮性和硬度,且果面光洁色艳,香味浓。一般情况下,桃树不受海拔高度的限制,仅在一些高原地区如青海地区受海拔的限制较明显,一般在 2 200 米以下正常生长、结果,但海拔过高时,果实不但生长不良,其品质还会下降。

(2)风　微风可以促进空气交换,增强蒸腾作用。微风可以改善光照条件和光合作用,消除辐射霜冻,降低地面高温对果树的伤害,减少病害,促进授粉结实。但大风对果树不利,不仅会降低光合作用,加强蒸腾作用,还易发生旱灾。花期大风,会影响昆虫活动及传粉,桃花柱头也易变干。果实成熟期间的大风,会吹落或擦伤果实,对产量影响很大。大风还会引起土壤干旱,影响树体根系生长,并可将沙土地的营养表土吹走。

6. 选建桃园地址时应考虑哪些因素?

(1)气候适宜带　根据桃树的生态要求和目前我国的品种组成,我国桃树经济栽培的适宜带以冬季绝对低温不低于-25℃的地带为北界,冬季平均温度低于7.2℃的天数在1个月以上的地带为南界。

(2)地势与土壤

①**地势**　在通风透光、排水良好的山地、坡地栽植桃树,病害少,果实品质比平地桃园好。桃树喜光,应选在南坡日光充足的地段建园。但其物候期较早,所以应注意花期晚霜的危害。因桃树抗风力弱,而谷地风大并且易积聚冷空气,故要避免在谷地或大风地区建园。提倡在山地建园,那里土壤、空气和水分未被污染或污染极轻,果实品质好,是生产无公害果品的理想地方。

②**土壤**　桃树耐旱、忌涝,根系好氧,适于在土壤质地疏松、排水畅通的沙质壤土上建园。在黏重和过于肥沃的土壤上,尤其是地下水位高的地区种植的桃树,不仅易徒长,而且易患流胶病和颈腐病,一般不选用这类地区建桃园。

③**重茬**　桃树对重茬反应敏感,往往表现为生长衰弱、流胶、寿命短、产量低,或生长几年后突然死亡等现象。重茬桃园生育不良和早期衰亡的原因很复杂,各个桃园也不尽一致。除营养、病虫害的原因以外,有人认为是桃树根残留物被分解产生了毒素,进而

毒害幼树导致其死亡。因而,应尽可能避免在重茬地建园。

7. 桃树优良品种应当具备什么特点?

优良品种必须同时具备综合性状优良、优良性状突出、没有明显缺点这三个条件,三者缺一不可。

(1)综合性状优良 桃树品种有很多农艺学性状,包括生物学性状、果实性状和抗性等。桃树优良品种必须综合性状优良,包括果实的外观品质、内在品质、生长结果习性、丰产性和抗病虫性等,以上任何一个重要性状都必须在良好或中等程度以上,这也是优良品种的基础。

(2)优良性状突出 在综合性状优良的基础上,与同类品种比较,必须具备一个或一个以上的生产中急需的主要性状。例如,成熟期极早或极晚、果实大、外观漂亮、耐贮运、品质好(含糖量高)、抗性强等。

(3)没有明显缺点 优良品种必须没有明显缺点。如果有明显缺点,即使优良性状再突出,也不算优良品种。例如,中华寿桃成熟期晚、果实大,优点突出;但是裂果严重、抗寒性差,因此只能将其算作优异资源,而不是优良品种。

当然,优良品种的基本要求不是一成不变的。不同地区对优良品种的要求也不相同。优良品种最好能够同时满足生产者、经营者和消费者的需求,且有较强的抗性。最终需要还是由市场来检验。

8. 桃树品种选择应注意什么问题?

(1)品种适应性 品种的适应性是选择品种的最基本要素。应根据品种生长特性及对环境条件的要求,选择适宜该品种的栽培区域。同样,也可根据某地区的自然生态条件,选择当地适宜的品种,做到"适地适栽"。不同品种的适应性不同,有些品种适应性强,有些适应性较差。每个品种只有在它最适的条件下才能发挥其优良特性,产生最大效益。一些地方特产品种,如山东肥城桃和河北深州蜜桃的适应性较差;雨花露、雪雨露和玫瑰露等品种则在南、北方均表现良好;大久保品种则在山区表现比平原好,且在我国华北桃产区比南方产区好。

(2)市场需求 要考虑3年后桃果实的销售市场定位,销向本地还是外地?南方还是北方?如是出口,销向哪个国家?不同消费地点和消费者对桃果实有何要求?是甜还是酸甜?是离核还是黏核?果肉是白肉还是黄肉等。

(3)种植目的 提倡使用专用品种,不提倡使用兼用品种。种植者为了减轻市场风险,有时选用鲜食与加工兼用品种,或鲜食与观赏兼用品种,却往往事与愿违。

(4)承受风险能力 种植者选择最新品种往往可以获得比较高的收益,但也可能有失败的风险。在某一区域培育出来的新品种,引种到另一地区是否依然是优良品种,还要进行生态适应性的试验才能确定。对于承受风险能力弱者,可以选择经过多年试验成功的品种,这类品种已适应当地气候和土壤条件,综合性状表现优良。通过加强栽培管理,种植这些品种同样可以获得较高的收益。

(5)种植规模 种植规模大,要考虑选择几个成熟期不同的品种以及各品种的栽植比例。种植规模小,品种数量要少些。如果种植品种过多,反而给栽培管理和销售带来不便。

此外,还应考虑品种的抗寒性与需冷量,是否有花粉、裂果等缺陷,引进国外品种时还要注意是否是专利品种、是否经过检疫;若是国内的品种则应考虑是否已通过鉴定、认定和审定。

9. 桃树引种时应注意哪些问题？

桃树是我国栽培最普遍的果树之一，不同品种有其不同的适应范围。在一个地区表现好，到另一地区并不一定就好。

(1)查询品种来源，测验品种适应性 要了解品种的来源，包括其父、母本，育成单位的地理位置，该品种的优、缺点，然后分析它可能的适应性，再引种试验。

(2)是否已通过审定 新品种通过审定才可进行推广。要尽量引进通过审定的品种。

(3)先引种试种后，再扩大规模 结合当地的气候条件和市场需求，选择适销对路的品种进行试种。通过引种试验，充分了解品种的果实经济性状、生物学特性、丰产性、适应性和抗逆性等特征特性，如确认其表现优良，再进行推广。在气候相似的地区也可以直接发展。

(4)尽量到品种培育单位去引种 为保证引种纯度，应尽量到品种培育单位进行引种。

(5)了解引种规律 一般情况下，南方培育的品种引到北方更易于成功；相反，则引种成功率较小。

10. 桃树适宜的定植时期是什么时候？

在桃树生产中，有春栽、秋栽和冬栽3个时期。由于秋、冬栽比春栽发芽早、生长快，我国南部、中部地区采用秋栽较多。北方有灌溉条件且冬季不太寒冷地区也可采用秋栽。干旱、寒冷且无灌溉条件的北方地区，秋栽有抽条现象，所以应以春栽为主。

11. 桃树定植前要做哪些准备？

(1)定植点测量 无论是哪种类型的桃园，都必须定植整齐，便于管理。因此,需在定植前根据规划的栽植密度和栽植方式,按株行距测量定植点,按点定植。

(2)定植穴准备 定植穴的大小,一般要求直径和深度 50~80 厘米。土壤质地疏松时可浅些,而下层有胶泥层、石块或土壤板结时应深些。定植穴实际是小范围的土壤改良,因而土壤条件越差,定植穴的质量要求越高,最好深度能达 60 厘米以上。若是质量好的地块,一般要求直径和深度为 50 厘米。

(3)挖穴 应以栽植点为中心,挖成上下一样的圆形穴或方形穴。最好是秋栽夏挖、春栽秋挖,可使土壤充分晾晒、熟化,或积存雨雪,更有利于根系生长。干旱缺水的桃园,蒸发量大,挖穴跑墒不如边挖边栽更保墒,且后者还能提高成活率。

(4)填土与施肥 栽植桃树前,可以先填入部分表土,再将挖出的土与充分发酵好的基肥混合后填入,边填边踏实。填土离地面约 30 厘米高时,将填土堆成馒头形,踏实,再覆一层底土,使根系不致直接与肥接触而受到伤害。填土后有条件者可先浇水再栽树。

12. 怎样进行桃树苗木定植?

苗木定植的深度,通常以苗木上的地面痕迹与地面相平为准,并以此标准调整填土深浅。栽植深浅调整好以后,苗木放入穴内,接口朝向主要有害风方向;将根系舒展,使其向四周均匀分布,尽可能不使根系相互交叉或盘结。将苗木扶直,左右对准,使其纵横成行。然后填土,边填边踏边提苗,并轻轻抖动,以便根系向下伸展并与土紧密接触。填土至地平,做畦,浇水。1 周后再浇 1 次水。定植后应立即绘制定植图。

13. 桃树苗木定植后怎样进行管理?

幼树抗逆性较弱,由苗圃移栽到桃园后,环境条件骤然改变,幼树需要一个适应过程。因此,定植后 2～3 年的管理水平对桃树的成活率和结果、丰产的早晚影响极大,不可轻视。苗木管理措施有以下几方面。

(1)及时浇水 虽然桃树比较耐旱,但为了早丰产还是需要及时浇水,促进早开花、结果。生长后期要少浇水,以免树体徒长而影响越冬。

(2)套袋保护 金龟子发生严重的地区,对半成苗要套袋,保护接芽正常萌发成新梢,当新梢长到 30 厘米左右时立支棍保护。

(3)合理间作 行间可种植绿肥和其他农作物,但要与桃树生长期的营养需求不矛盾,如不争肥水、不诱发病虫害等。

(4)防寒越冬 垒土埂、覆地膜以及埋土,均可提高幼树的越冬能力。

(二)疑难问题

1. 在重茬桃园建园,采取什么措施可以减轻危害?

试验证明以下 4 种方法可以减轻重茬病的危害。

(1)在行间错穴栽植大苗,2～3 年后再刨原树 主要原理是桃树根系有生活力时,其土壤中的根系不会产生毒素,这时栽上大苗并不表现重茬症状。之后,将原树刨去,这时新栽小树已形成较大根系,再刨掉原树对小树的影响已很小。

(2)种植禾本科农作物 刨掉桃树后连续种植 2～3 年禾本科农作物(小麦、玉米等)对消除重茬的不良影响有较好效果。

（3）用拖拉机拔掉淘汰树，土壤中尽量不留其根系　此举比刨树效果好。拔掉淘汰桃树后再用挖掘机挖深 80～90 厘米、宽 80～100 厘米的沟，可彻底清除残根。晾沟 3～5 个月，翌年春季定植新苗，挖定植穴时与旧坑错开，填入客土等效果更好。

（4）栽大苗　栽植时，大苗（如 2～3 年生大苗）比小苗效果好。

2. 目前桃园适宜的栽植密度是多少?

一般密植栽培的行株距为 6 米×2.5 米，普通栽培为 5 米×4 米。行间生草，行内覆盖，或行间、全园进行覆草。通常山地桃园土壤较瘠薄，紫外线较强，会抑制桃树的生长；桃树树冠较小，其密度可比平原桃园大些。大棚或温室栽植时，一般密度为株距 1～2 米，行距 2～2.5 米。

3. 桃树高密栽植的利和弊是什么?

在露地栽培条件下，高密栽培利少弊多。主要好处是单位面积栽植的株数多，土地利用率高，前期单位面积产量迅速上升，可早期达到最高产量，因而前期经济效益较高。

其主要弊端有以下 3 个方面。

（1）高密桃园树体不易控制，光照差，极易郁闭　桃树为速生型树种，具有生长速度快、生长量大的特点。随着树冠不断扩大，树体间会相互遮阴，使冠内外郁闭，光能利用率下降，内膛枝枯死，最终产量下降。通风透光不良，还会使园内病虫害严重，从而降低果实品质。

（2）果个较小　近几年的生产实践证明，高密栽培难生产出高质量果品。桃树在刚结果的 1～3 年，其果实较小，只有进入盛果期后，其果个才不断增大。高密栽培只是在初结果的 2～3 年有优势，而之后生产的大多数果实个小、质量差。

(3)管理难度加大 要建生态果园,必须实行果园生草制,而高密栽培园难以实现生草,其他管理,如施有机肥等难度也会加大。

4. 桃树定植成活率低是怎么回事？

一般情况下,桃树定植成活率是很高的。如发生定植成活率低,可从以下几个方面考虑。

(1)苗木质量 如果苗木细弱,根系不完整,或伤根较多,就会影响其成活率。

(2)浇水 栽后马上浇第一次水,此水要浇透;之后7~10天,再浇第二遍水,浇后在适宜时间进行松土保墒。如果第一次水没有浇透,或没有及时浇第二次水,均会导致桃树成活率低。

(3)施肥 定植时如在定植穴内施化肥,或施没有腐熟的有机肥,则根系易发生烧根现象,从而影响桃树成活率。

5. 南方平原种植桃树怎样进行起垄栽培？

主要采用小型挖掘机聚土起垄。挖掘机其中一根履带先与行线齐平,并对起垄位置(2米宽度范围内)进行松土,松土深度30~50厘米;再将行间其余3米范围内表层肥沃土壤(15~20厘米)堆到种植带内,直到垄高达到50厘米、宽度达到200厘米。全垄呈直线,垄间可以推平,以便于田间管理操作和日后生草。若园地较低、地下水位高,则可以在行间挖排水沟。

6. 桃树苗木选择应注意什么？

(1)苗木是否粗壮 苗木粗度要大。在同样的条件下,应选择直径大的苗木。

(2)根系是否发达 根系越完整,粗根越多,苗木质量越好。

(3)苗芽是否饱满 半成苗芽子饱满,生长量大,早期成形快。若成苗在整形带内有足够的饱满芽,则更有利于日后的整形。

(4)是否有病虫害 检查根系是否有根癌病,苗木上是否有介壳虫等病虫。

7. 桃树芽苗定植有什么优点?

(1)芽苗生长速度快 由于根系发达,砧木上只有 1 个芽,且营养充足,所以其生长很迅速。

(2)芽苗容易成形 春季及时抹除砧木上的萌蘖。当芽苗生长到 70～80 厘米高时进行摘心,促其发出新梢,便于整形、成形。如果成品苗没有在圃内整形,则苗木密度大,光照差,易郁闭,树体下部分易光秃,整形带内无适宜饱满芽,会增加整形难度。

8. 桃树品种高接换优的时间和方法是什么?

桃树是所有果树中最怕重茬的树种。刨掉老桃树再栽新桃树极易出现树体成活率低、生长缓慢、结果少、品质差等问题。如果发现所栽品种不适合市场需求时,不要马上刨掉老品种,而是试着高接更换适宜的品种。如果所栽品种均为无花粉品种,且又没有配置授粉品种时,也可高接一些授粉品种。

(1)适宜嫁接的时间 适宜高接的时间分别为夏季和春季。春季的时间较短,在 3 月中下旬,不足 20 天。夏季主要是 7 月下旬至 9 月中旬,持续时间较长,近 60 天。夏季嫁接由于温度高、湿度大,所以成活率较高;春季嫁接温度较低,空气干燥,成活率反而不高。但是春季嫁接,树体当年即可恢复到嫁接前的大小,甚至比嫁接前还大,翌年就可结果。如果高接的是大树,翌年便可进入盛果期。

(2)高接方法 采用带木质部芽接。带木质部芽接具有节省接穗、伤口较小、易于愈合、生长较快的特点。

9. 高接换优时,带木质部芽接操作技术是什么?

(1)植株选择 树龄在 10 年以下的健壮树适宜高接。树势较弱但树龄较小而又有复壮能力的,应在加强土肥水管理、复壮树势后进行高接;高接后立即做好各项管理工作,以使其尽快复壮。如果树龄大于 10 年,树势强健的也可以进行高接。

(2)嫁接部位 粗度为 1~2 厘米的 1 年生枝或 2 年生枝,1年生枝最佳,成活率高;2 年生枝生活力较差,成活率相对较低。

(3)接穗的选择 选用健壮、芽子饱满、无病虫害的 1 年生枝条作为接穗,一般粗度为 0.6~1.5 厘米。嫁接部位较粗时,则选用较粗的接穗,反之则用较细的接穗。

(4)嫁接操作技术 要嫁接的枝条可以是直立的,也可以是斜生的。如果是直立枝条,则接口位于侧面;如果是斜生枝条,则接口位于上部。接芽厚度为 0.3 厘米左右,长度为 2.5 厘米左右,用适宜厚度的塑料条将接芽包扎严,将芽子露在外面。

(5)高接芽数 一般树上同侧间距 40~50 厘米高接 1 个芽即可。一般大树 20 个芽左右,中等树 12 个芽左右,小树 6 个芽左右。

(6)接后管理 夏季嫁接当年不解塑料条,翌年进行剪砧即可。如果是春季嫁接,中间要松 1 次塑料条。当接芽长到 10~20厘米时,将包扎芽子的塑料条解开,给新梢生长留出足够的空间,否则塑料条将会影响到新梢的生长。解开后重新包扎,主要是绑住接芽的两端,以防接芽翘开。

无论是春季嫁接,还是夏季嫁接,萌芽后凡有萌蘖发出,都应及时抹除干净,仅保留接芽长成的新梢。当新梢长到大约 40 厘米长时摘心,以促其分枝。

三、桃树整形修剪

（一）关键技术

1. 桃树整形修剪的原则是什么？

(1)因树修剪，随枝做形 把桃树整成合理的树体形状，有利于实现高产。每株树上枝条的位置、角度和数量各不相同，比如三主枝在主干上的位置不同，不同主枝上的侧枝在主枝上的着生位置也不完全一样，这就需要因树修剪，根据具体情况灵活掌握。

(2)冬、夏剪结合，以夏季修剪为主 桃树早熟芽易发生副梢，如不及时修剪，会导致树冠内枝量过大、郁闭。因此，除了进行冬季修剪外，还应重视生长期时进行的多次修剪，以便及时剪除过密和旺长枝条。

(3)主从分明，树势均衡 保持主枝延长枝的生长优势，主枝的角度要比侧枝小，生长势比侧枝强。如果骨干枝之间长势不平衡，就不能充分利用生长空间而致产量低，所以修剪时要采取多种手段，抑强扶弱，达到各骨干枝均衡生长的目的。

(4)密株不密枝，枝枝要见光 虽然桃树可以密植，单位土地面积的株数可以增加，但单位土地面积的枝量应保持合理，保证枝枝见光，只有这样才能保证健壮结果枝的数量。骨干枝是结果枝的载体，骨干枝过多，必然导致结果枝少、产量低。因此，在较密植的桃园中，要适当减少骨干枝的数量。

2. 桃树整形修剪的主要依据有哪些?

(1)品种特性 桃树品种不同,其萌芽力、发枝力、分枝角度、成花难易、坐果率高低等生长习性也各不相同,要依据不同品种类型特点进行整形修剪。对于树姿开张、长势弱的品种,整形修剪应注意抬高主枝的角度;树姿直立、长势强的品种,则应注意开张角度,缓和树势。

(2)树龄和生长势 桃树不同的年龄期,生长和结果的表现不同,对整形修剪的要求也不同。幼树期和初结果期树体生长旺盛,为缓和生长势,修剪量宜轻,可以长放。盛果期修剪的主要任务是保持树势健壮生长,以延长盛果期的年限。盛果期后期生长势变弱,应缩小主枝开张角度,并多进行短截和回缩,以增强枝条的生长势。

(3)修剪反应 不同的桃树品种,其主要结果枝类型和长度不同,枝条剪截后的修剪反应也不相同。以长果枝结果为主的品种,其枝条生长势强,对其采用短截后,仍能萌发具有结果能力的枝条。以中、短果枝结果为主的品种,则需轻剪长放,以便培养中、短果枝,日后才能多结果。

(4)栽培方式 露地栽培的中密度和较稀植的桃树,生长空间较大,应采用三主枝开心形,使树冠向四周伸展。对于密植栽培或设施栽培的桃树,由于空间有限,宜采用二主枝开心形、纺锤形或主干形。

(5)肥水条件 对于土壤肥沃、水分充足的桃园,宜以轻剪为主;反之,则应适度重剪。

3. 与桃树修剪有关的生物学特性是什么?

(1)喜光性强 桃树原产于我国西北海拔高、光照强、雨量少的干旱地区,在这种自然条件影响下,形成了喜光和对光照敏感的特性,其枝条、叶片、果实对光照均较敏感。光照不足,桃树枝条会枯死,叶片变黄;果实变小,着色差,品质劣。所以,栽植密度和树体枝量不宜太大。

(2)**干性弱**　自然生长的桃树,中心枝生长势弱,几年后甚至消失;外围枝叶密集,内膛枝迅速枯死,结果部位外移,产量下降。这是树体多采用开心形的生物学基础。

(3)**生长快,结果早**　桃树萌芽率高,成枝力强。新梢一年可抽生 2～4 次副梢,年生长量大,树冠形成快。这是早果丰产的基础。

(4)**花芽形成容易,花量大,不易形成大小年**　桃树各种类型果枝均可形成花芽,包括徒长性果枝。桃树不易形成大小年,但是如结果过多,树势易衰弱。

(5)**不同品种有适宜的结果枝**　各种果枝均可结果,水平枝或斜生枝条上坐果较好,有的品种尤其在健壮较细的果枝上,更易长成大果。

(6)**桃树的花器特点**　桃树的花有两种,一种花中有花粉,另一种花中无花粉。有花粉的品种坐果率高,无花粉的品种需要配置授粉品种并进行人工授粉,否则坐果率很低。这也是无花粉的品种留枝量要大(中、短果枝多留)的原因。

(7)**剪锯口不易愈合**　修剪必然造成伤口,剪锯口对附近枝条的生长有一定的影响。桃树修剪造成的大剪锯口不易愈合,剪锯口的木质部很快干枯,并干死到深处。因此,修剪时力求伤口小而平滑,并及时给枝和剪锯口涂保护剂,以利其尽快愈合。常用的保护剂有铅油、油漆、接蜡等。

4. 当前桃树整形修剪中存在哪些问题?

(1)**主干较低**　有的桃园树干低,仅 10～20 厘米,有的不到

10厘米。树干低易导致树势过旺,使操作管理如喷药、施肥等不方便,且低处所结果实商品率低、易感疫腐病等。一般要求主干50厘米以上。

(2)主枝数量较多 生产中有一些桃园,桃树主枝达到5个以上,还有的主枝多达7~8个。在有限的空间内,如果主枝太多,单位面积内有效结果枝的空间就会相应减少,导致树体中总的适宜结果枝数量减少,使其产量降低,且果实的品质变差。此类树体往往内膛光照差,内膛空虚就会导致结果部位外移。

(3)主枝角度较大 调查发现,部分桃树主枝角度较大,有的在70°以上,有的甚至接近90°。主枝角度大,背上易发徒长枝,致使果实着色差,而且树冠内的有效结果面积小。

(4)盲目采用新树形和应用长枝修剪 盲目采用主干形、纺锤形和一边倒等树形,但没有采用相应的技术,致使修剪失败。比如,在长枝修剪时,所有枝都不短截,留枝量大,结果过多,就容易导致树势变弱。若主枝不短截,主枝头变得下垂;若主枝短截少,则主枝延伸过快,容易导致主枝尖削度小,负载量下降。

(5)没有按照品种特点进行修剪 不同品种有不同的结果习性,不能对所有品种采取一样的修剪手法。尤其是无花粉品种的修剪,要区别于有花粉品种;梗洼深的大果型品种适宜在中短果枝结果。

(6)轻视夏剪 一般的果园都比较注重冬剪,而不太重视夏剪。但夏剪不及时,会导致冠内枝量大而郁闭,尤其是对于早熟品种,采收后就不进行修剪。

(7)开心形树形,背上枝去得太光 当开心形树形的主枝角度较大时,主枝背上易长出较多徒长枝。在夏剪和冬剪时,将徒长枝全部去掉,就会导致主干日灼。

5. 桃树短截有几种？何时应用？

短截常用于骨干枝修剪、培养结果枝组和树体局部更新复壮等。短截按其长度可分为 5 个类型(图 3-1)：

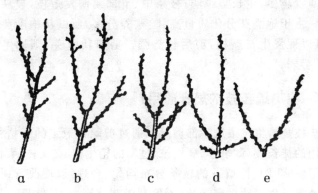

a b c d e

图 3-1 1 年生枝短截类型

a. 剪去 1/2 b. 剪去 2/3 c. 剪去 3/4~4/5

d. 剪去 4/5 以上 e. 留基部 2 芽剪

(1)中短截 在 1 年生枝的中部短截。剪后萌发的顶端枝条长势强，下部枝条长势弱。

(2)重短截 截去 1 年生枝的 2/3。剪后萌发枝条较强壮，一般用于主、侧枝延长头和长果枝修剪。

(3)重剪 截去 1 年生枝的 3/4~4/5。剪后萌发枝条生长势强壮，常用于发育枝作延长枝头和徒长性果枝、长果枝、中果枝的修剪。

(4)极重短截 截去 1 年生枝的 4/5 以上。剪后萌发枝条中庸偏壮，常用于发育枝和徒长枝培养的结果枝组。

(5)留基部 2 芽剪 剪后萌发枝条较旺盛，常用于预备枝的修剪。

短截的实际效果主要由 3 个因素构成：一是剪口芽的饱满度，二是剪留枝条长度，三是剪留枝条上芽的数量和质量。通常短截越重，对侧芽萌发和生长势的刺激越强，但不利于形成高质量结果枝。有时短截过重，还会出现削弱生长势的现象。短截越轻，侧芽萌发越多，生长势越弱；枝条中、下部易萌发短枝，较易形成花芽。由于饱满芽分化质量高、贮藏养分多，所以从饱满芽处剪截，可以促发生长新梢，剪后长势强。剪口留瘪芽，则抽生中短枝，长势弱。

6. 桃树疏枝技术怎样应用？

疏枝是指将枝条从基部剪除。通过剪除树冠上的干枯枝、不宜利用的徒长枝、竞争枝、病虫枝、过密的轮生枝、交叉枝、大枝、重叠枝等(图 3-2)，使留下的枝条分布均匀、合理，以便改善树体的通风透光条件。幼树宜轻疏，不仅利于花芽形成、早结果，还可以

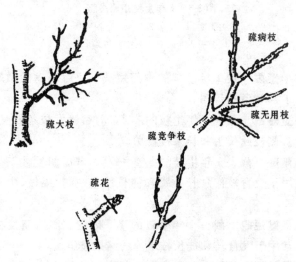

图 3-2 疏 枝

通过拉枝或长放代替疏枝,起到改善光照条件、促进花芽形成、提早结果的作用。进入结果期以后,在不影响产量的前提下,应多进行中度疏枝。进入衰老期,短果枝增多,应多疏除结果枝,促进树体营养生长,维持树势平衡。

7. 桃树在什么情况下进行回缩?

回缩就是对多年生枝的短截。一般应用于辅养枝和结果枝组(图 3-3),主要目的是调节其长势。回缩与短截的不同之处在于剪口的位置。一般 1 年生枝被短截时的反应强弱程度决定于剪口芽的饱满程度,而回缩后的反应强弱则决定于剪口枝的强弱。剪口枝如留强旺枝,则剪后生长势强,有利于更新和恢复树势。剪口枝如留弱小枝,则生长势弱,多再生中小枝,有利于成花和结果。剪口枝长势中等,剪后也会保持中庸,多促发小枝,既能生长,又能结果。回缩可以更新树冠,改善树冠光照,降低结果部位,调节延长枝的开张角度,从而控制树冠或枝组的发展,充实内膛,延长果

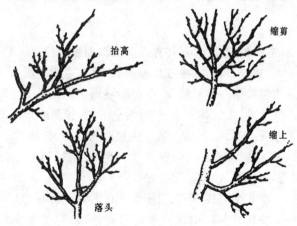

图 3-3 回 缩

树结果年限。

8. 三主枝开心形的树体结构是怎样的?

三主枝开心形是当前露地栽培桃树的主要树形,具有骨架牢固、易于培养、光照条件好、丰产稳产的特点(图 3-4)。

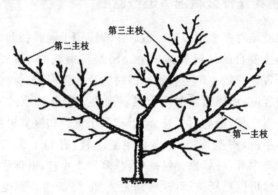

图 3-4　桃树三主枝开心形树体结构示意图

第一,树高 2.5~3 米。

第二,主枝数量 3 个,延伸方式呈波浪曲线延伸。

第三,主枝分布,第一主枝最好朝北,第二主枝朝西南,第三主枝朝东南。切忌第一主枝朝南,以免影响光照。如是山坡地,第一主枝选在坡下方,第二、第三主枝在坡上方,并提高距地面高度,这样管理更方便,光照也更好。第一主枝距第二主枝 15 厘米,第二主枝距第三主枝 15 厘米。与树干的夹角分别是:第一主枝 60°~70°,第二主枝 50°~60°,第三主枝 40°~50°。

每主枝选 2 个侧枝,第二侧枝着生在第一侧枝的对方,并顺一个方向呈推磨式排列。侧枝要求留背斜枝,角度较主枝大 10°~15°。侧枝与主枝夹角 70°左右为宜,夹角大易交叉;夹角小,通风透光差。

大型结果枝组长80厘米,中型结果枝组长60厘米,小型结果枝组长40～50厘米。同方向枝组间距为:大型枝组50～60厘米,中型枝组30～40厘米,小型枝组配置在大、中型枝组的空间。结果枝组以圆锥形为好。大型枝组位于骨干枝两侧,在初果期树上,骨干枝背后也可以配置大型结果枝组。中型枝组位于骨干枝两侧,或安插在大型枝组之间,可以长期保留或改造疏除。小型枝组位于树冠外围、骨干枝背后及背上直立生长,有空则留,无空则疏。在骨干枝上的配置,是两头稀中间密,顶部以中、小型枝组为主,基部和中部以大、中型枝组为主。

结果枝剪后距离是:南方品种群15～20厘米,北方品种群10厘米。剪留长度:长果枝20～30厘米,中果枝10～20厘米,短果枝4芽或疏除。花束状枝只疏不截。长、中果枝以斜生为好。

9. 二主枝开心形的树体结构是怎样的?

二主枝开心形适于露地密植和保护地栽培,容易培养,早期丰产性强,光照条件较好(图3-5)。

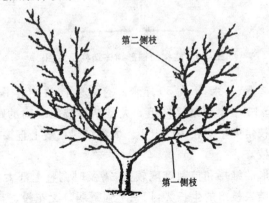

第二侧枝

第一侧枝

图3-5 桃树二主枝开心形树体结构示意图

树高 2.5 米，干高 40～60 厘米，全树只有 2 个主枝，配置在相反的位置上，在距地面 1 米处培养第一侧枝，第二侧枝在距第一侧枝 40～60 厘米处培养，方向与第一侧枝相反。两主枝的角度为 45°，侧枝的开张角度为 50°，侧枝与主枝的夹角保持约 60°。在主枝和侧枝上配置结果枝组和结果枝。

10. 纺锤形的树体结构是怎样的？

该树形适于保护地栽培和露地高密栽培，光照充足（图 3-6）。

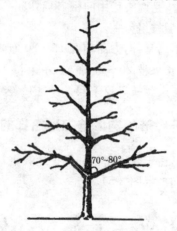

70°～80°

图 3-6 桃树纺锤形树体结构示意图

树高 2.5～3 米，干高 50 厘米。有中心干，在中心干上均匀排列着生 8～10 个大型结果枝组。大型结果枝组之间的距离是 30 厘米。主枝角度平均在 70°～80°。大型结果枝组上直接着生小枝组和结果枝。

该树形的维持和控制难度较大，需及时调整上部大型结果枝组与下部结果枝组的生长势，切忌上强下弱。无花粉、产量低的品种不适合培养成纺锤形。

11. 桃幼树怎样整成三主枝开心形？

成苗定干高度为 60～70 厘米，剪口下 20～30 厘米处要有 5 个以上饱满芽作整形带。第一年选出三个错落的主枝，任何一个主枝均不要朝向正南。翌年在每个主枝上选出第一侧枝，第三年选第二侧枝。每年对主枝延长枝剪留长度 40～50 厘米。为增加幼树分枝级次，可在生长期进行 2 次摘心。生长期用拉枝等方法，开张枝杈角度，控制枝条旺长，促进其早结果。4 年生树在主、侧枝上要培养一些结果枝组和结果枝。为了快长树、早结果，幼树的冬季修剪以轻剪为主。

12. 桃幼树怎样整成二主枝开心形？

成苗定干高度 60 厘米，在整形带选留 2 个对侧的枝条作为主枝。两个主枝一个朝东，另一个朝西。冬剪第一年主枝剪留长度 50～60 厘米，翌年选出第一侧枝，第三年在第一侧枝对侧选出第二侧枝。其他枝条按培养枝组的要求修剪，第四年时树体基本成形。

13. 桃幼树怎样整成纺锤形？

成苗定干高度 80～90 厘米，在以下 30 厘米内合适的位置培养第一主枝（位于整形带的基部，剪口往下 25～30 厘米处），在剪口下的第三芽培养第二主枝。用主干上发出的副梢选留第三、第四主枝。各主枝按螺旋状上升排列，相邻主枝间间距 30 厘米左右。第一年冬剪时，选留主枝尽可能留长（一般留 80～100 厘米）。翌年冬剪时，下部选留的第一、第二、第三、第四主枝一般不再短截延长枝，上部选留的主枝一般也不进行短截。主枝开张角度 70°～80°。一般 3 年后可完成 8～10 个主枝的选留。

14. 盛果期树主枝和侧枝怎样进行修剪？

（1）主枝的修剪　盛果初期延长枝应以壮枝带头，剪留长度为30厘米左右。并利用副梢开张角度，减缓树势。盛果后期，生长势减弱，延长枝角度增大，应选角度小、生长势强的枝条用以抬高角度，增强其生长势，或回缩枝头刺激萌发壮枝。

（2）侧枝的修剪　随着树龄的增长，树冠不断扩大，侧枝伸展空间受到限制，由于结果和光照等原因，其下部侧枝衰弱较早。修剪时对下部严重衰弱、几乎失去结果能力的侧枝，可以疏除或回缩成大型枝组。对于有空间生长的外侧枝，可用壮枝带头。此期仍需调节主、侧枝的主从关系。夏季修剪应注意控制旺枝，疏去密生枝，改善树体通风透光条件。

15. 盛果期树结果枝组和结果枝怎样进行修剪？

（1）结果枝组的修剪　结果枝组的修剪以培养和更新为主；对细长弱枝组要更新、回缩并疏除基部过弱的小枝组；膛内大枝组出现过高或上强下弱时，可轻度缩剪，降低其高度，以结果枝当头。枝组生长势中庸时，只疏强枝。侧面和外围生长的大、中枝组弱时缩，壮时放，放缩结合，维持结果空间。各枝组在树上要均衡分布：3年生组之间的距离应在20～30厘米，4年生枝组距离为30～50厘米，5年生枝组为50～60厘米。调整枝组之间的密度可以通过疏枝、回缩，使之由密变稀、由弱变强，更新轮换。但是，修剪要保证各个方位的枝条有良好的光照。

（2）结果枝的修剪　盛果期结果枝的培养和修剪很重要，要依据品种的结果习性进行修剪。对于大果型但梗洼较深的品种以及无花粉的品种，如早凤王、砂子早生、丰白、深州蜜桃、八月脆等品种，以中、短果枝结果为好。因此，在冬季修剪时这些品种以轻剪为主,即先疏去背上的直立枝以及过密枝,待坐果后根据坐果情况和枝条稀密再行复剪。对于长放的枝条,还可促发一些中、短果枝,使其成为翌年的主要结果枝。在夏季修剪中,可通过多次摘心促发短枝。当树势开始转弱时,及时进行回缩来促发壮枝,恢复树势。对于有花粉和中、长果枝坐果率高的品种,可根据结果枝的长短、粗细进行短截。一般长果枝剪留 20～30 厘米,中果枝 10～20厘米,花芽起始节位低的留短些,反之则留长些。

总之,盛果期要调整好生长与结果的关系,并通过单枝更新和双枝更新留足预备枝。

16. 长枝修剪技术有什么优点?

长枝修剪技术是对结果枝的修剪,是一种基本不使用短截,仅采用疏枝、回缩和长放的修剪技术。由于不短截,修剪后的 1 年生枝的长度较长(结果枝长度一般 50～60 厘米),故称为长枝修剪技术。

长枝修剪与传统修剪相比,有如下优点。

第一,缓和营养生长势,易维持树体营养生长和生殖生长的平衡。花芽质量较好,花芽饱满。

第二,改善树体内的光、热微气候生态条件,树冠内透光量可提高 2～2.5 倍。

第三,显著提高果实品质,果实着色提前,且着色好。

第四,操作简单、易掌握、节省用工,夏季修剪次数可减少 1～2 次,较传统修剪可节省用工 1～3 倍。

第五,1 年生枝的更新能力强,内膛枝更新复壮能力好,能有效地防止结果部位外移和树体内膛光秃。

17. 哪些品种适宜采用长枝修剪技术?

适宜长枝修剪技术的品种有以下 4 类。

（1）**以长果枝结果为主的品种**　对于以长果枝结果为主的品种，可以采用长枝修剪技术，疏除竞争枝、徒长枝和多余的短果枝和花束状果枝，适当保留部分健壮或中庸的长果枝，并对其进行长放；结果后以果压冠，前面结果，后面长枝，每年更新。适宜品种有大久保等。

（2）**以中、短果枝结果的无花粉品种**　大部分无花粉品种在中、短果枝上坐果率高，且果个大、品质好。先对长果枝长放，促使其上抽生出中、短果枝，再利用中、短果枝结果。如深州蜜桃、丰白、仓方早生和安农水蜜等。

（3）**大果型、梗洼深的品种**　大果型品种大都具有梗洼深的特点，所以更适宜在中、短果枝结果。如果在长果枝坐果，则应保留结果枝中上部的果实。在生长后期，随着果实增大，梗洼着生果实部位的枝条弯曲进入梗洼内，不易被顶掉，如中华寿桃等。如果在结果枝基部坐果，则果实长大后，由于梗洼较深，着生果实部位的枝条不能弯曲会被顶掉；或者果个小而发生皱缩现象。

（4）**易裂果的品种**　易裂果的品种，如果在长果枝基部坐果则会加重裂果。可利用长枝修剪，让其在长果枝中上部结果，当果实长大后，便将枝条压弯下垂，这时枝条和果实生长速度缓和，可减轻裂果。适宜品种有华光、瑞光3号等。

18. 长枝修剪中，长放枝条的长度、密度和角度多少合适？

对于疏除与回缩后余下的结果枝大部分采用长放的方法，一般不进行短截。

（1）**长放结果枝长度**　以长果枝结果为主的品种，主要保留30～60厘米的结果枝，小于30厘米的果枝原则上大部分都会被疏除。以中、短果枝结果的无花粉品种和大果型、梗洼深的品种，如八月脆、早凤王、仓方早生等，可保留20～30厘米的果枝及大部分健壮的短果枝和花束状果枝用于结果。另外，保留部分大于30

厘米的结果枝,用于更新和抽生中、短果枝,留作翌年结果。

(2)长放结果枝留枝量 主枝(侧枝、结果枝组)上每 15～20 厘米保留 1 个长果枝(30 厘米以上),同侧长果枝之间的距离一般 30 厘米以上。对于盛果期树,以长果枝结果为主的品种,长果枝(大于 30 厘米)留枝量控制在 4 000～5 000 个/667 米^2,总枝量小于 10 000 个/667 米^2;以中、短果枝结果的品种,长果枝(大于 30 厘米)留枝量控制在小于 2 000 个/667 米^2,总果枝量控制在小于 12 000 个/667 米^2。生长势旺的树留枝量可相对多一些,而生长势弱的树留枝量少一些。另外,如果树体保留的长果枝数量多,总枝量要相应减少。

(3)长放结果枝角度 所留长果枝应以斜上、水平和斜下方向为主,少留背下枝,尽量不留背上枝。结果枝角度与品种、树势和树龄有关。直立的品种,主要留斜下方或水平枝,树体上部应多留背下枝。对于树势开张的品种,主要留斜上枝,树体上部可适当留一些水平枝,树体下部选留少量背上枝。幼年树,尤其是树势直立的幼年树,可适当多留一些水平枝及背下枝。

19. 长枝修剪中怎样应用疏枝、回缩和短截?

长枝修剪中除应用长放技术外,也采用疏枝、回缩和短截技术。

(1)疏枝 主要疏除直立或过密的结果枝组和结果枝。对于以长果枝结果为主的品种,疏除徒长枝、过密枝及部分短果枝、花束状果枝。对于中、短果枝结果的品种,则疏除徒长枝、部分粗度较大的长果枝及过密枝,中、短果枝和花束状果枝要尽量保留。

(2)回缩 对于 2 年生以上延伸较长的枝组进行回缩。

(3)短截 对于衰弱的枝条,可进行适度短截。

20. 长枝修剪中结果枝的更新有哪两种方式？

（1）利用长果枝基部或中部抽生的更新枝　采用长枝修剪后，果实重量和枝叶能将1年生枝压弯，枝条由顶端优势变成基部背上优势，从基部抽生出健壮的更新枝（图3-7）。冬剪时，对以长果枝结果的品种，将已结果的母枝回缩到基部健壮枝处更新，如果母枝基部没有理想的更新枝，也可以在母枝中部选择合适的新枝进行更新。对以中、短果枝结果的品种，则利用中、短果枝结果，保留适量长果枝继续长放，疏除多余的枝条。

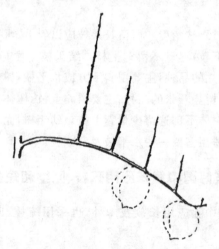

图3-7　长枝修剪更新枝示意图

（2）利用骨干枝上抽生的更新枝　长枝修剪树体留枝量少，而骨干枝萌发新枝的能力增强，会抽生出一些新枝。如果在主枝（侧枝）上着生结果枝组的附近已抽生出更新枝，则可对该结果枝组进行整体更新。

21. 夏季修剪的主要方法有哪些？怎样进行？

(1)抹芽 树冠内膛的徒长芽和剪口下的竞争芽,一般是在萌芽新梢生长到 5 厘米之前抹掉。这不仅有利于节省养分、改善光照和保证留下的新梢健壮生长,还可减少冬季修剪工作量和因冬剪疏枝造成的伤口。

(2)摘心 摘心是把正在生长的枝条顶端的幼嫩部分去除。摘心可以改变营养分配,促发副梢;被摘心的枝条暂停延长生长。这样不仅有利于枝条的充实,提高花芽饱满度,而且还可以减少与相邻枝条的营养竞争。因此,生产中常用摘心来控制竞争枝和徒长枝的生长。

摘心促进了枝条下部芽的发育,使枝条下部花芽充实饱满,避免结果部位的迅速外移。在新梢生长前期,提早摘心能促使早发副梢。新生出的副梢再次摘心,可使副梢分化花芽成为结果枝,利于幼树提早结果。

要想使摘心后长成的副梢能形成良好的结果枝,摘心应在 5 月中旬至 7 月初进行,摘心过晚会导致花芽质量差。

(3)疏枝 疏除树冠内膛中密生的旺枝,以达到改善光照,促进果实着色、果枝充实、花芽分化,以及减少养分消耗的目的。

(4)回缩 生长季可以将过长、过高及过低的骨干枝或结果枝组进行回缩。夏季修剪的回缩不宜太重,否则会刺激回缩部位的新梢上芽子萌发。

(5)拉枝 拉枝是用绳索把枝条拉向所需要的方向或角度,拉枝时要活套缚枝或垫上皮垫,以免勒伤枝条。适宜的时间在 6~9 月份。

22. 怎样进行夏季修剪？

（1）第一次夏季修剪 主要是抹芽，在叶簇期进行（如石家庄地区一般在 4 月下旬进行，即花后 10 天左右）。一般是在萌芽至新梢生长到 5 厘米之前进行。抹芽可抹双芽，留单芽，抹除剪锯口附近或幼树近主干上发出的无用枝芽。

（2）第二次夏季修剪 在新梢迅速生长期进行。此次修剪非常重要。修剪内容如下。

①**调整树体生长势** 通过疏枝、摘心等措施，调整生长与结果的平衡关系，使树体处于中庸状态。

②**延长枝头的修剪** 疏除竞争枝，或对幼旺树枝头进行摘心处理。

③**徒长枝、过密枝及萌蘖枝的处理** 采用疏除和摘心的方法，对于无生长空间的，从基部疏除。对于树体内膛光秃部位长出的新梢，在其适当的位置进行摘心，促发二次枝，并培养成结果枝组。疏除背上枝时，不要将其全部去光，可适当留 1 个新梢，将其压弯并贴近主枝向阳面，或者基部留 20 厘米短截作为"放水口"，均可以防止主干日灼。

（3）第三次夏季修剪 在 6 月下旬至 7 月上旬进行。此次主要是控制旺枝生长。对骨干枝仍按整形修剪的原则适当修剪。对竞争枝、徒长枝等旺枝，在上次修剪的基础上，疏除过密枝条，如有空间，可留 1～2 个副梢，剪去其余部分。对树姿直立的品种或角度较小的主枝，进行拉枝，开张其角度。

（4）第四次夏季修剪 7 月底至 8 月上中旬进行。此时主要任务是疏枝，如果已采收品种的结果枝组过长，可以对其进行疏除或回缩；对原来没有控制住的旺枝从基部疏除；对新长出的二、三次梢，根据情况选留，并疏除多余新梢；对角度小的骨干枝进行拉枝。此期可以延迟到 8 月下旬以后进行，这时修剪量也可以适当大一些。

（二）疑难问题

1. 夏季修剪中，修剪程度怎样掌握？

合理的夏季修剪就是综合运用抹芽、摘心、疏枝、回缩和拉枝5种方法，达到树势中庸、通风透光、适宜的结果枝多、花芽分化好和果实品质优良的预期目的。

夏季修剪应"少量多次"，一般每月1次，且每次修剪量不宜过大。如果修剪太重，将会刺激剪口及附近芽子萌发，生长出一些小细枝，而不能形成花芽或花芽质量较差。如果修剪太轻，则达不到应有的效果。

一般前期修剪程度适当轻一些，后期（8月中旬以后）可以适当重一些。因为到了后期，气温下降，新梢停止生长，重修剪一般不会再度刺激枝条生长。

2. 夏季修剪怎样巧用摘心？

（1）多次摘心，提早成形　对幼树的副梢多次摘心，有利于幼树提早成形。

（2）加速培养结果枝组　在生长季对生长健壮、位置适宜、较粗的枝条进行摘心，可以促发副梢，当年便能形成结果枝组。

（3）避免结果部位外移　如果不进行摘心，自然状态下的分枝部位可能较高。摘心可以在适当位置增加分枝，避免结果部位的迅速外移。

（4）促使结果枝花芽发育良好　摘心后促进了枝条下部芽的发育，使枝条下部花芽充实饱满。要想使摘心后长成的副梢能形成良好的结果枝,摘心时间应在 5 月中旬至 7 月初进行,摘心过晚,形成的花芽质量差。

3. 栽植过密的树怎样进行修剪?

(1)生长表现 栽植过密的树,一般株行距较小,生产中多为 2 米×3 米。主枝较多,主枝间角度小,生长较直立。树冠内光照不良,内膛结果枝衰弱甚至死亡。结果部位外移,适宜结果枝少,花芽数量少,质量差。

(2)改造措施

①当年冬季修剪 对于过密的树,首先要按照"宁可行里密,不可密了行"的原则进行间伐。如果株距为 2～3 米,可通过隔行间伐,使行间距大于或等于 5 米,并将其改造成两主枝开心形或"Y"形;疏除株间的主枝,保留 2 个朝向行间的主枝。对于直立生长的主枝,要适当开角。

②翌年夏季修剪 及时抹除大锯口附近长出的萌芽。光秃带内长出的新梢可以进行 1～2 次摘心,培养成结果枝组。疏除徒长枝、竞争枝和过密枝。对角度小的骨干枝进行拉枝。

4. 无固定树形的树怎样进行树体改造?

(1)生长表现 主要是从定植后一直没有按预定的树形进行整形,放任树体生长,有空间就留枝,致使主枝过多、内膛枝密集、主枝下部光秃、结果部位外移,仅树冠外围的结果枝较好。此树形桃树产量低,品质差,喷药操作困难,病虫害防治效果差。

(2)改造措施

①当年冬季修剪 这种树已不能整成理想的树形,只能因树整形。根据栽植密度确定主枝的数量。主要是疏除伸向株间的大枝或将其逐步疏除。如果株行距为 4 米×5～6 米,宜采用三主枝

开心形,选择方向和角度适宜的 3 个主枝,尽量朝向行间,不要留正好朝向株间的主枝,且 3 个主枝在主干上要错开,不要太近。如果株行距为 2～3 米×4～5 米,可以采用两主枝开心形,选择方向和角度适宜的 2 个主枝,分别朝向行间。主枝和侧枝要主次分明,如果侧枝较大,要对其进行回缩。对主枝延长头进行短截,以保证其生长势。

对树冠内的直立枝、横向枝、交叉枝和重叠枝,进行疏间或在 2～3 年改造成为结果枝组。对过低的下垂枝,尤其是距地面 1 米以下的下垂枝进行疏除或回缩,以改善树体下部的光照条件。对株间互相搭接的枝要回缩或疏除。

②翌年夏季修剪　及时抹除大锯口附近长出的萌芽。光秃带内长出的新梢可以进行 1～2 次摘心,培养成结果枝组。如果有空间,剪锯口附近长出的新梢可以保留,并进行摘心,培养成结果枝组。疏除多余的徒长枝、竞争枝和过密枝。对角度小的骨干枝进行拉枝。

5. 结果枝组过高、过大的树怎样进行修剪?

(1)生长表现　结果枝组过高、过大时,背上结果枝组过多,使树冠光照差、内膛结果枝大量衰弱和枯死。这种树主要是对结果枝组控制不当,没有及时回缩,导致生长过旺,才形成了所谓"树上长树"。

(2)改造措施

①当年冬季修剪　按结果枝组的分布距离,疏除过大、过高直立枝组或回缩改造成中、小枝组。根据其生长势,将留下的枝组,去强留弱,逐步改造成大、中、小不同类型的结果枝组。

②翌年夏季修剪　及时疏除剪锯口附近长出的徒长枝和过密枝。有空间生长的枝条,可以进行摘心,培养成结果枝组。

6. 未进行夏季修剪的树怎样进行修剪？

（1）生长表现 树冠各部位发育枝较多，光照差，除树冠外围和上部有较好的结果枝外，内膛和树冠下部光照不足，枝条细弱，花芽少且着生部位高、质量差。

（2）改造措施

①当年冬季修剪 应选好主、侧枝延长枝，多余的发育枝从基部疏除。各类结果枝尽量长放不短截，用于结果。对骨干枝延长头进行短截，其他枝不进行短截，以缓和树体的生长势。

②翌年夏季修剪 因为坐果较少会造成枝条徒长，所以要及时疏除徒长枝、竞争枝和过密枝。有空间生长的枝条，可以通过摘心，培养成结果枝组。

7. 长枝修剪应注意哪些问题？

（1）控制留枝量 对于以长果枝结果的品种，已经留有足够的长果枝，如果再留过多的短果枝和花束状果枝，将会削弱树势，难以保证抽生出足够数量的更新枝。因此，在控制长果枝数量的同时，还要控制短果枝和花束状果枝的数量。但对于无花粉品种、大果型或易采前落果的品种，要多留中、短果枝。

（2）控制留果量 采用长枝修剪后，虽整体留枝量减少，但花芽的数量并没有减少。由于前期新梢生长缓和还会增加坐果率，所以与常规修剪一样，长枝修剪同样要疏花疏果，保留适宜留果量。

（3）肥水管理 对于长枝修剪后生长势开始变弱的树，应增加短截数量，减少长放枝，并加强肥水管理，适当增加施肥次数和施肥量。

（4）不宜采用长枝修剪技术的树和品种 对于衰弱的树和没有灌溉条件的树不宜采用长枝修剪技术。

(5)长枝修剪时,主枝枝头一定要短截 对于衰弱的枝条,也可进行适度短截。

8. 冬季修剪时,如何合理利用徒长枝?

徒长枝是指桃树上生长过于旺盛的枝条,枝条多为直立,长而粗,组织却不充实。有的抽生二、三次枝,其叶片大,节间长,芽体相对瘦小。

桃树生长旺盛,顶端优势强。夏季没做好修剪的桃园,往往生长出大量的徒长枝。生产中冬剪时,通常对徒长枝采用疏除的方法。对于一些大枝,虽然疏去后对树势有一定削弱作用,但是造成的大伤口容易引起病害,且在翌年再次出现徒长枝的可能性极大。不过如果处理得好,树势稳定的前提下,可以使翌年的徒长枝变为结果枝,反而能增加桃树产量。

树冠内有徒长枝的地方缺枝,但空间不太大时,可将徒长枝培养成为中型枝组。徒长枝留20~30厘米短截,待翌年春季萌芽后,采用扣头、挖心、留平等方法将其培养成枝组。如果徒长枝20~30厘米处有分枝,并且生长良好,可回缩到分枝处再培养成枝组。

树冠内生长徒长枝的地方缺枝且空间大时,把徒长枝拉平在缺枝空间,不仅可使其当年开花结果,还可缓和树势,并在基部生长出良好的结果枝,翌年将其回缩短截后可培养成大型结果枝组。

9. 怎样防止结果部位外移?

(1)减少主枝数量 主枝数量越多,树冠内膛光照越差,结果部位越易外移。

(2)夏季修剪 疏除外围强旺枝、内膛过密枝和徒长枝,秋季拉枝开角,可使内膛枝组得到充足的光照和养分,起到抑前促后、平衡树势和复壮内膛的作用。

(3)冬季修剪 对外围枝进行适度回缩或疏除,对内膛结果枝组及时更新。当枝组衰弱时,及时回缩,刺激枝组发出健壮旺枝,对其进行复壮。疏掉衰弱的小枝组。

10. 无花粉品种修剪应注意什么?

无花粉品种一般果型较大,中、短果枝结果较好,所以应采取长枝修剪的方法,通过长放来培养中、短果枝。冬季修剪时尽量多留枝,尤其是多保留中、短果枝,仅疏除背上直立枝、竞争枝和过密枝。坐果后,依据果实的多少再进行复剪,复剪的主要内容是疏除部分空枝及坐果过多的枝。夏季修剪应及时疏除内膛直立枝,并进行适当摘心,以促发中、短果枝。

11. 为何培养结果枝组是桃树修剪中的重要内容?

结果枝组由结果枝组成,结果枝是果实的载体。如果树冠内不同大小的结果枝组在主枝或侧枝上分布合理,有如下好处。

(1)产量高 由于之后会形成立体结果的状态,所以在同样的树冠内,若有较多的结果枝,也就有较多的果实。

(2)品质好 结果枝分布合理,树冠内通风透光,则果实着色好,内在、外在品质均好。

(3)结果部位不易外移 结果位置稳定,结果枝组和树势中庸,经济寿命延长。

所以,培养大、中、小型枝组是修剪中的重要内容。在修剪中,要尽早培养结果枝组,并对结果枝组不断进行更新复壮,使之处于中庸状态。

12. 桃树整形修剪应注意什么?

(1)整形和留枝量的原则 总的整形原则是"有形不死,无形不乱"、"大枝亮堂堂,小枝闹嚷嚷"。即大枝少,小枝才能多;但"小枝闹嚷嚷"并非是枝量越多越好,无花粉品种枝量要比有花粉品种多。总的修剪原则是"轻重结合,宜轻不宜重"。

(2)强化夏剪,淡化冬剪 夏季修剪在桃树的整形修剪中占有重要的地位,尤其是幼树和密植栽培的树。

(3)强调按品种类型进行修剪 不同的品种类型有不同的特点,应采用不同的修剪方法。不同品种类型的整形基本上是相同的,不同品种类型的区别主要在于结果枝的修剪技术方面。

(4)控制留枝量 桃树喜光性强,留枝量过大将导致光照条件差,从而影响果实品质。所以,一定要打开光路,让所有枝、叶和果实均可着光。

(5)其他问题

①保持骨干枝的生长势 在各个阶段,尤其是在幼树树形培养阶段,一定要对主枝头进行短截,保持其生长势。

②骨干枝角度和位置 在大冠树上,主枝弯曲延伸生长的角度要适宜,大型结果枝组或侧枝斜生,中小枝组插空。主枝(大侧枝)上结果枝组分布宜呈"枣核形",即两头小、中间大。结果枝以斜生或平生为好,幼树上可留背下枝,背上粗枝则要疏去。

③充分利用空间 修剪后,在同一株树上,应是长、中、短果枝均有的状态:长短不齐,高低不齐,立体结果。切忌"推平头式"修剪。

④培养中庸树势 通过修剪,保持树势中庸,既不过旺,也不过弱。

⑤冬季修剪与其他栽培措施配合 冬季修剪不是万能的,必须同其他技术措施配合才能起到应有的效果,如夏季修剪、疏花疏果、肥水管理等。

四、桃树土肥水管理

（一）关键技术

1. 桃树根系分布、生长及吸收有哪些特点？

（1）根系生长特点

①生长高峰　根系在1年中有2次生长高峰，分别为春季和秋季。

②根系分布特点　桃树根系较浅，大多分布在20～50厘米深度。

③株间竞争和抑制　不同植株的根系表现为相互竞争和抑制。当根系相邻时，它们会避免相互接触，或改变方向，或向下延伸。密植桃园的根系水平分布范围较小，而垂直分布较深。

（2）根系吸收特点

①对应性　根系与地上部树冠有着相对应的关系，即地上部有大枝的地方，一般其对应的下部有较粗的树根。

②可塑性　在不同的土壤和不同的环境中，桃树根系的分布深度和形态均有不同。

③趋肥性　根系向着有肥料的地方生长，肥施到哪儿，根系长到哪儿。

④代偿性　局部根系的优化，可补偿植株整体的生长需求。这是局部施肥可满足整株生长的基础。

⑤需氧性　桃树根系较浅，对氧气要求较高。土壤含氧量达

$10\%\sim15\%$时,地上部才能生长正常。这也是为根系创造疏松、多氧环境的主要原因。

2. 桃树土肥水管理中存在哪些问题?

第一,有机肥施用量少,化肥施用量大,致使土壤有机质含量不足,土壤 pH 值较大。我国桃园土壤有机质含量不足 1%,与国外的 $3\%\sim5\%$ 相差很大。土壤有机质含量低对桃产量和品质都有较大的影响,同时也容易对桃树造成一些生理病害,如叶片黄化和树体流胶等。

第二,有机肥和化肥施用方法不当。通过灌水将地面撒施的有机肥和化肥渗透到土壤之中的方法,易导致根系向土壤表层聚拢。

第三,在化肥施用中,氮肥施用量大,磷、钾肥施用量小。

第四,果实采收前或采收期间,常大量施用化肥,尤其是氮肥,且多次过量浇水。

第五,土壤管理多为清耕,没有采用桃园生草的办法提高土壤肥力。

3. 生产无公害果品肥料使用标准是什么?

按照 NY/T 496—2010 规定执行。所施用的肥料应是经过农业行政主管部门登记的肥料,不应对桃园环境和果实品质产生不良影响。提倡根据土壤和叶片的营养分析进行配方施肥。增加有机肥施用量,减少化肥尤其是氮肥施用量。

(1)允许使用的肥料种类

①有机肥料　包括堆肥、沤肥、厩肥、沼气肥、绿肥、作物秸秆肥、泥肥、饼肥等农家肥和商品有机肥、有机复合(混)肥等。

②腐殖酸类肥料　包括腐殖酸类肥。

③化肥　包括氮、磷、钾等大量元素肥料和微量元素肥料及其复合肥料等。

④微生物肥料　包括微生物制剂及经过微生物处理的肥料。

（2）禁用肥料

氯化钾、硝态氮化肥，如硝酸铵、硝酸钙、亚硝酸类等。城市垃圾、工厂废料堆积形成的有机肥，以及受过化学污染的各种肥料。

4. AA 级绿色果品生产允许使用的肥料种类有哪些？

第一，农家肥料。包括：堆肥、沤肥、厩肥、沼气肥、绿肥、作物秸秆肥、泥肥和饼肥。

第二，AA 级绿色食品生产资料肥料类产品。

第三，商品肥料。当上述肥料不能满足 AA 级绿色食品生产需要的情况下，允许使用商品有机肥料、腐殖酸类肥料、微生物肥料、有机复合肥、无机（矿质）肥料、叶面肥料、有机无机肥（半有机肥）和掺合肥。

5. A 级绿色食品生产允许使用的肥料种类有哪些？

第一，所有 AA 级绿色食品生产允许使用的肥料均可作为 A 级绿色食品生产允许使用的肥料种类。

第二，A 级绿色食品生产资料中规定的肥料类产品。

第三，不能满足 A 级绿色食品生产需要的情况下，允许使用掺合肥（有机氮与无机氮之比不超过 1∶1）。

6. 生产 AA 级绿色果品的肥料使用原则是什么？

第一，必须选用 AA 级绿色食品生产允许使用的肥料种类，禁止使用任何化学合成肥料。

第二，禁止使用城市垃圾和污泥、医院的粪便垃圾以及含有害物质(如毒气、病原微生物、重金属等)的工业垃圾。

第三,各地可因地制宜采用秸秆还田、过腹还田、直接翻压还田和覆盖还田等形式增加土壤肥力。

第四,利用覆盖、翻压、堆沤等方式合理利用绿肥。绿肥应在盛花期翻压,翻埋深度为 15 厘米左右,盖土要严,翻后耙匀。腐熟的沼气液、沼渣及人畜粪尿均可用作追肥。严禁施用未腐熟的人粪尿,禁止施用未腐熟的饼肥。叶面肥料质量应符合 GB/T 17419,或 GB/T 17420 的技术要求,按使用说明稀释,在桃树生长期内,喷施 2～3 次。微生物肥料作基肥和追肥使用时,应严格按照使用说明书的要求操作。微生物肥料中有效活菌的数量应符合 NY 227 中 4.1 及 4.2 技术指标。

7. 生产 A 级绿色果品的肥料使用原则是什么?

必须选用生产 A 级绿色食品允许使用的肥料。如不能满足生产需要,允许使用的化肥(氮、磷、钾)必须与有机肥配合施用,有机氮与无机氮之比不超过 1:1。如施优质厩肥 1 000 千克加尿素 10 千克(厩肥作基肥,尿素可作基肥和追肥用)。化肥也可与有机肥、复合微生物肥配合施用。城市生活垃圾一定要经过无害化处理,质量达到 CB 8172 中 1.1 的技术要求才能使用。每年每 667 米² 农田限制用量,黏性土壤不超过 3 000 千克,沙性土壤不超过 2 000 千克。秸秆还田允许用少量氮素化肥调节碳氮比。

其他使用原则,与生产 AA 级绿色食品的肥料使用原则要求相同。

8. 当前桃园土壤养分的特点是什么?

当前桃园土壤养分的特点是"两少"。

第一,土壤中的有机质含量少。现在其含量一般1%左右,极少数达到2%,有的仅0.5%;而国外一般在3%左右,高者达5%。

第二,土壤中的营养元素含量少。其中的大量元素和微量元素远远满足不了作物的需求。

①土壤中氮素含量 土壤中氮素含量除了少量呈无机盐状态存在外,大部分呈有机态存在。土壤有机质含量越多,含氮量也越高。一般来说,土壤含氮量为有机质含量的1/10~1/20。

②土壤中磷素含量 我国各地区土壤耕层的全磷含量,一般在0.05%~0.35%。东北黑土地区土壤含磷量较高,可达0.14%~0.35%;西北地区土壤全磷量也较高(0.17%~0.26%);其他地区都较低,尤其是南方红壤土含量最低。

③土壤中钾素含量 我国各地区土壤中速效钾含量为每100克土4~45毫克,一般华北、东北地区土壤中钾素含量高于南方地区。

9. 桃树对主要营养的需求特点是什么?

桃树果实肥大,枝叶繁茂,生长迅速,对营养需求量高,反应敏感。营养不足,树势明显衰弱,果实品质变劣。桃树对营养的需求有如下特点。

第一,桃树需钾素较多,其吸收量是氮素的1.6倍。尤其以果实的吸收量最大,其次是叶片,两者的吸收量占钾吸收量的91.4%。因此,满足钾素的需要,是桃树丰产优质的关键。

第二,桃树需氮量较高,并对氮反应敏感。其中以叶片吸收量最大,接近总氮量的一半。供应充足的氮素是保证丰产的基础。

第三,桃树对磷、钙的吸收量也较高,与氮吸收量的比值分别为10:4和10:20。叶、果吸收磷多,叶片中含钙量最高。要注意的是,在易缺钙的沙性土中的桃树更需补充钙。

第四,各器官对氮、磷、钾三要素吸收量以氮为准,其比值分别

为,叶 10∶2.6∶13.7、果 10∶5.2∶24、根 10∶6.3∶5.4。对三
要素总吸收量的比值为 10∶3～4∶13～16。

10. 化肥的种类有哪些?

化学肥料又称无机肥料,简称化肥。常用的化肥可以分为氮
肥、磷肥、钾肥、复合肥料和微量元素肥料等(表 4-1)。

表 4-1　主要化肥种类

种 类	类 型	肥料品种
氮 肥	铵 态	硫酸铵、碳酸氢铵、氯化铵
	硝 态	硝酸铵
	酰胺态	尿 素
磷 肥	水溶性	过磷酸钙、重过磷酸钙
	弱溶性	钙镁磷肥、钢渣磷肥、偏磷酸钙
	难溶性	磷矿粉
钾 肥		氯化钾、硫酸钾、窑灰钾肥
二元复合肥		磷酸一铵、磷酸二铵、硝酸钾、磷酸二氢钾
微量元素肥料		硼砂、硼酸、硫酸亚铁、硫酸锰、硫酸锌
缓释肥		合成缓释肥有机蛋白、合成缓释肥无机蛋白、包膜缓释等

11. 化肥有什么特点?

(1)养分含量高,成分单纯　化肥与有机肥相比,养分含量高。
0.5 千克过磷酸钙中所含磷素相当于厩肥 30～40 千克。0.5 千克
硫酸钾所含钾素相当于草木灰 5 千克左右。高效化肥含有更多的

养分,并便于包装、运输、贮存和施用。化肥所含营养单纯,一般只有一种或少数几种营养元素,可以在桃树需要时施用。

(2)肥效快而短　多数化肥易溶于水,施入土壤中能很快被作物吸收利用,能及时满足桃树对养分的需要,但肥效不如有机肥持久。例如,缓释肥的释放速度比普通化肥稍慢一些,但其肥效比普通化肥长 30 天以上。

(3)有酸碱反应　包括化学酸碱反应和生理酸碱反应两种。化学酸碱反应是指溶解于水后的酸碱反应,如过磷酸钙为酸性、碳酸氢铵为碱性、尿素为中性。生理酸碱反应是指肥料经桃树吸收以后产生的酸碱反应。如硝酸钠为生理碱性肥料,硫酸铵、氯化铵为生理酸性肥料。

12. 有机肥与化肥相比有什么特点?

有机肥是指含有较多有机质的肥料,主要包括粪尿类、堆沤肥类堆肥、秸秆肥类、绿肥、土杂肥类、饼肥、腐殖酸类、海肥类和沼气肥等。

第一,有机肥所含养分全面,它除含桃树生长发育所必需的大量元素和微量元素外,还含有丰富的有机质,一般有机质含量达到 $50\% \sim 80\%$。有机肥不仅含有丰富的大量元素(氮、磷、钾),还含有丰富的微量元素(钙、镁、铜、锌、铁、锰、硼、钼、硫等),是一种完全肥料。

第二,有机肥营养元素多呈复杂的有机形态,必须经过微生物的分解,才能被作物吸收和利用。因此,其肥效缓慢而持久(一般为 3 年),是一种迟效性肥料。

第三,有机肥养分含量较低、施用量大。施用时需要较多的劳力和运输成本,比较费工。因此,在积造有机肥时要注意提高其质量。

第四,有机肥含有大量的有机质和腐殖质,对改土培肥有重要作用。有机肥除直接提供给土壤大量养分外,还具有活化土壤养分、改善土壤理化性质和促进土壤微生物活动的作用。

13. 有机肥对桃树生长发育有什么好处?

(1)促进根系的生长发育 施用有机肥可以增加土壤有机质和微生物含量,改善土壤理化性状,为根系生长发育创造良好的条件。

(2)促进枝条的健壮和均衡生长,减少缺素症发生 有机肥在一年中不断地释放,虽然肥效较慢,但持续时间较长,且营养全面。有机肥的施用可使桃树地上部枝条生长速度适中,不易徒长,且花芽分化好、质量高。由于各种元素比例协调,不易发生缺素症。

(3)提高果实质量 施用有机肥后,桃树根系和地上部枝条相互促进生长,对果实生长发育的具体影响表现为果实个大、着色美、风味品质佳、香味浓、硬度大、耐贮运。

(4)提高桃树的抗性 有机肥可促进根系生长发育和叶片功能,增加树体贮藏营养,从而提高桃树抗旱性、抗寒性及抗病性。

14. 秋施有机肥有什么好处?

有机肥秋施比冬施、春施更能增加桃树体内的贮藏养分,更有利于伤口愈合和肥料的分解。具体表现:一是增加树体内养分含量;二是加速翌年叶幕形成;三是促进大个果实形成;四是伤根易愈合并促发新根;五是避免春季施肥造成土壤干旱;六是可以在适宜时间内发挥肥效;七是利用施肥调土,减少桃树虫害;八是利用施基肥翻土,改善土壤结构。

15. 桃树秋施有机肥的方法有哪些?

一般有放射状沟施、环状沟施和条状沟施(图4-1)。放射状沟施即自树干旁向树冠外围开几条放射状沟施肥（图 4-1-a）。环状沟施即在树冠外围开一环绕树的沟，沟深 30～40 厘米，沟宽 30～40 厘米，将有机肥与土的混合物均匀施入沟内，填土覆平（图 4-1-b）。条状沟施肥是在树的东西或南北两侧，开条状沟施肥，但需每年变换位置，以使肥力均衡，如图 4-1(c)。

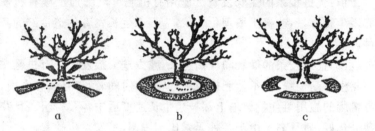

图 4-1　桃树基肥施肥方法
a. 放射状沟施肥　b. 环状沟施肥　c. 条状沟施肥

16. 桃树土壤追肥怎样施？

追肥时期为萌芽前后、果实硬核期，以及催果肥、采后肥。生长前期以氮肥为主，生长中后期以磷、钾肥为主。其中，钾肥应以硫酸钾为主。萌芽前后以氮肥为主，秋施基肥应加入磷肥；硬核期氮、磷、钾肥配合施以磷、钾肥为主；催果肥以钾肥为主；采后肥以氮肥为主，配以少量磷、钾肥，并在施肥时，只选择结果量大且树势弱的桃树。对于以上 4 次施肥，不一定每年都全部用，而是要根据品种特点、有机肥施用量和产量等综合考虑在哪个时期施哪种肥料。

追肥可采用穴施，在树冠投影下，距树干 80 厘米之外（大树 1～1.2 米之外），均匀挖小穴，穴间距为 30～40 厘米（图 4-2）。施肥深度为 10～15 厘米。施后覆盖土，然后浇水。

图 4-2　桃树穴状施肥

17. 什么是灌溉施肥？有何优点？应注意什么？

灌溉施肥是将肥料通过灌溉系统(灌溉罐、微量灌溉、滴灌)进行桃园施肥的一种方法。

(1)灌溉施肥的优点

第一，肥料元素呈溶解状态，施于地表能更快地为根系所吸收利用，提高肥料利用率。据澳大利亚有关报道，与地面灌溉相比，滴灌施肥可节省肥料(氮肥)44%～57%，喷灌施肥可节省11%～29%。

第二，灌溉时期灵活性强，可根据桃树的需要而安排。

第三，在土壤中养分分布均匀，既不会伤根，又不会影响耕作层土壤结构。

第四，能节省施肥的费用和劳力。灌溉施肥，尤其对树冠交替的成年桃园和密植桃园更为适用。

(2)灌溉施肥的注意事项

第一,喷头或滴灌头嘴堵塞是灌溉施肥的一个重要问题,所以,施肥时必须施用可溶性肥料。

第二,2种以上的肥料混合施用,必须防止相互间的化学作用生成不溶性化合物,如硝酸镁与磷、氮肥混用会生成不溶性的磷酸铵镁。

第三,灌溉施肥用水的酸碱度以中性为宜,如碱性强的水能与磷反应生成不溶性的磷酸钙,并使多种金属元素的有效性降低,严重影响施肥效果。

18. 桃园怎样进行作物秸秆覆盖?

桃园覆草的主要草源是作物秸秆,所以覆草又叫覆盖作物秸秆。

桃园覆盖作物秸秆一般全年都可进行,但春季首次覆盖应避开2~3月间土壤解冻时间,更有利于提高土壤温度。就材料来源而言,夏、秋收后覆盖可及时利用作物秸秆,减轻占地积压。第一次覆盖宜在土温达到10℃或麦收以后,可以更充分利用其中丰富的麦秸、麦糠等。覆草以前应先浇透水,然后平整园地、整修树盘,使树干处略高于树冠下。

桃园覆草以后,每年可在早春、花后、采收后,分别追施氮肥。追肥时,先将草分开,挖沟或穴施(逐年轮换施肥位置),施后适量浇水;也可在雨季将化肥撒施在草上,任雨水淋溶。桃园覆草后,应连年补覆,使其继续保持20厘米厚度,以保证覆草效果。连续覆盖3~4年以后,秋、冬应刨园1次,刨深15~20厘米,将地表的烂草翻入,然后重新进行覆草。

19. 桃园生草有什么好处?

桃园生草技术就是在桃园种植绿肥作物。桃园生草有以下优点:一是绿肥营养丰富,可为桃树提供各种营养;二是桃园生草能显著提高土壤有机质含量,提高营养元素的有效性;三是桃园生草能改善小气候,增加天敌数量,有利于桃园的生态平衡;四是桃园生草可增加地面覆盖层,减少土壤表层温度变幅,有利于桃树根系生长发育;五是桃园生草有利于改善果实品质;六是山地、坡地桃园生草可起到保持水土的作用;七是桃园生草可减少桃园用工量和肥料投入。

20. 怎样进行桃园生草?

(1)桃园生草种类的选择依据 适于桃园种的草应具备以下特点:对环境适应性强、水土保持效果好、土壤培肥快、不分泌毒素或不存在克生现象,以及有利于防治桃园病虫害、有利于田间管理和栽培等。

(2)桃园生草的适宜种类 有白三叶草、红三叶草、紫花苜蓿、黑麦草、旱熟禾和毛叶苕子等,最好选用三叶草、紫花苜蓿和毛叶苕子。但是,毛叶苕子在河北省及以北地区不能越冬。

21. 桃树对水分需求有什么特点?

第一,桃树对水分较为敏感,表现为耐旱怕涝。

第二,桃树有两个关键需水时期,即花期和果实第二膨大期。如果花期水分不足,则开花不整齐,坐果率低。果实第二膨大期如果土壤干旱,则会影响果实细胞体积的增大,减少果实重量和体积。这两个时期都应尽量满足桃树对水分的需求。

第三,土壤含水量适宜。适宜的土壤水分,有利于桃树枝条生长、花芽分化、开花、坐果、果实生长及品质提高等。在桃树整个生长期,土壤含水量在 $40\%\sim60\%$ 更有利于枝条生长与优质果品的生产。试验结果表明,当土壤含水量降至 $10\%\sim15\%$ 时,枝叶会出现萎蔫现象。

第四，需根据不同品种、树龄、土壤质地和气候特点等来确定桃园灌溉时期和灌水量。

22. 桃树应在什么时候进行灌水？

(1)萌芽期和开花前 此次灌水是对冬季长时间干旱的补充，也是为桃树萌芽、开花、展叶，以及早春新梢生长、提高坐果率等做准备。此次灌水量要大。

(2)花后至硬核期 此时枝条、果实均迅速生长，其中的枝条生长量占全年总生长量的 50％左右，需水量较多。但硬核期对水分很敏感，水分过多则新梢生长过旺，易与幼果争夺养分而引起落果。所以，灌水量应适中，不宜太多。

(3)果实膨大期 一般是在果实采前 20 天，此时的水分供应充足与否对产量影响很大。此时早熟品种在北方还未进入雨季，需对桃树灌水。中、早熟品种以后(6 月下旬)进入雨季，桃树灌水与否以及灌水量视降雨情况而定。此时灌水也要适量，有时灌水过多会造成裂果、裂核。

(4)休眠期 桃园封冻水灌水量大小，要以树冠大小、土壤质地以及上次灌水量等决定。一般来说，树龄大、挂果多、树冠大的树可以适当多灌些；反之，对于刚刚定植不久，冠幅较小的幼树灌水量则应少些。一般灌水量以水分渗透至根系分布层较为合适。成龄桃园根系集中，分布层含水量如果达到田间最大持水量的 60％～70％，即可满足冬、春两季树体蒸腾的需要。较为干旱的山地桃园灌水要足，而秋雨较多的桃园则应适当控制灌水。

23. 桃园灌水方法有哪些？

(1)地面灌溉 有畦灌和漫灌，即在地上修筑渠道和垄沟，将水引入桃园。其优点是灌水充足，保持时间长；缺点是用水量大，渠、沟耗损多，浪费水资源。目前，我国大部分地区仍采用此方法。

(2)喷灌 喷灌在我国发展较晚，近 10 年才得以迅速发展。喷灌比地面灌溉省水 30%～50%，并有喷布均匀，减少土壤流失，调节桃园小气候，增加桃园空气湿度，避免干热、低温和晚霜对桃树伤害等优点。同时，喷灌还节省土地和劳动力，便于机械化等管理操作。

(3)滴灌 将灌溉用水在低压管系统中送达滴头，由滴头形成水滴滴入土壤进行灌溉。滴灌用水量仅为沟灌的 1/5～1/4、喷灌的 1/2 左右，而且不会破坏土壤结构，不妨碍根系的正常吸收，具有节省土地、增加产量和防止土壤次生盐渍化等优点。同时，滴灌还有利于提高果品产量和品质，是一项发展前途较好的灌溉技术，特别在我国缺水的北方，应用前途广阔。

桃园进行滴灌时，滴灌的次数和灌水量，因灌水时期和土壤水分状况而有所区别。在桃树的需水临界期进行滴灌时，春旱年份可隔天灌水；一般年份可 5～7 天灌水 1 次。每次灌溉时，应使滴头下一定范围内的土壤水分达到田间最大持水量，而又无渗漏为最好。采收前的灌水量以使土壤湿度保持在田间最大持水量的 60% 左右为宜。

生草桃园，更适合滴灌或喷灌。

（二）疑难问题

1. 桃树合理施肥应遵循哪些原则？

第一，有机肥料和无机肥料配合施用，互相促进，以有机肥料为主。有机肥料养分含量丰富，肥效时间比较长，而且长期施用可增加土壤有机质含量,改良土壤物理特性,提高土壤肥力。但是有机肥料肥效较慢,难以满足桃树在不同生育阶段的需肥要求,而且所含养分数量也不一定能满足桃树一生中总需肥量的需求。

如果将有机肥料与无机肥料配合施用,不仅可以取长补短,有节奏地平衡供应桃树生长所需养分,还能相互促进,提高肥料利用率,增进肥效,节省肥料,降低生产成本等。

第二,所施的各种肥料要符合生产无公害果品、绿色果品和有机果品的肥料使用准则。

第三,氮、磷、钾三要素合理配比,重视钾肥的应用。在生产中往往出现重视氮、磷肥,尤其重视氮肥,而忽视钾肥的现象。不同化肥之间的合理配合施用,可以充分发挥肥料之间的协同作用,大大提高肥料的经济效益。

第四,不同施肥方法结合使用,并以基肥为主。主要施肥方法有基肥、根部追肥和根外追肥 3 种。一般基肥应占施肥总量的 50%~80%,但具体还应根据土壤自身肥力和施用肥料特性而定。根部追肥具有简单易行且灵活的特点,是生产中广为采用的方法。

对于一些微量元素,一方面可以通过叶面喷洒的方法,节约成本、增加肥效;另一方面也可与基肥充分混合后施入土壤中。此外,还可以结合喷药,加入一些尿素、磷酸二氢钾以提高光合作用,改善果实品质,提高抗寒力。

2. 旱地桃树怎样施肥?

为提高桃树抗旱性,应将旱地桃树根系引向深层土壤。旱地桃树施肥应以增施和深施有机肥料为主,可选择圈肥、堆肥、畜肥和土杂肥等,化肥则作为补充肥料。有机肥可供给桃树所需的各种营养元素,提高土壤有机质含量,增加土壤蓄水、保墒、抗板结能力,以及抗寒、抗旱等能力。

(1)基肥 施基肥要将秋施改为雨季前施肥。旱地桃树施基肥不宜在秋季进行,一是秋施基肥若无大雨,则肥效长期不能发挥,多数年份必须等到翌年雨季大雨过后才逐渐发挥肥效。二是秋季开沟施基肥等于晾墒,土壤水分损失严重。三是施肥沟周围的土壤溶液浓度大幅度升高,周围分布的根系有明显的烧伤,从而严重影响桃树根系的营养吸收和树体的生长。如果改秋施肥为雨季施用,那么雨季土壤水分充足、空气湿度大,即使开沟施肥损失了部分水分,之后遇到雨水也会很快得到补充,而不会产生烧根现象。雨季温度高,水分足,施入的肥料、秸秆、杂草很快腐熟分解,更有利于桃树根系吸收,且对当年树体生长、果实发育和花芽分化有好处。盛果期施肥量以优质有机肥 5 000~6 000 千克/667 米^{2}为宜。

(2)秸秆杂草覆盖 秸秆杂草等覆盖物每年覆盖 1 次,每年近地面处都会腐烂一层,腐烂了的秸秆杂草便是优质有机肥料,之后随雨水渗入土壤中。所以,连年秸秆杂草覆盖的果园,土壤肥力、有机质含量、土壤结构及其理化性均能得到改善,从而大大减少普通栽培施用基肥的用工和投资。

(3)根部追肥 旱地桃树追肥要看天追肥或冒雨追肥,以速效肥为主,前期可适当追施氮肥,如人粪尿、尿素等;后期则以追施磷、钾肥为主,如过磷酸钙、骨粉、草木灰等。追施方法应在距植株 50 厘米以外的地方开浅沟和穴施,施后覆土。施肥量不宜过大。

(4)穴贮肥水 早春在整好的树盘中,自冠缘向里 0.5 米以外挖深 50 厘米、直径 30 厘米的小穴,穴数依树体大小而定,一般 2~5 个。首先,将玉米秸、麦秸等捆成长 40 厘米、粗 25 厘米左右的草把。然后,将草把放入人粪尿或 0.5％尿素液中浸泡后,再放入穴中。最后,肥土混匀回填,或每穴追加 100 克尿素和 100 克过磷酸钙或三元复合肥,灌水覆膜。埋入草把后的穴略低于树盘,此后每 1~2 年可变换 1 次穴位。

3. 盐碱地桃树怎样施肥?

(1)灌水压碱　在萌芽前、花后和结冻前浇水,可进行3～4次大水洗碱,而在生长季节可依干旱情况而定,但要尽量减少次数。

(2)增施有机肥　每667米² 施4 000～5 000千克有机肥,撒施或浅沟状施于树盘表层内,施后深翻15～25厘米,而后浇水。

(3)尽量施用生理酸性肥料　如硫酸铵、氯化铵和氯化钾等,这些肥料可有效酸化土壤,在水浇条件较好的地区,一般也不易造成氯中毒。

(4)磷肥用磷酸二铵或过磷酸钙　碱性土壤施用磷酸二铵和过磷酸钙效果更好。

对微量元素缺乏症,可将相应无机肥料与有机肥料一起腐熟,增加微肥的有效性。生长季节出现的缺素症,可以喷施有机螯合叶面肥。可用土壤调酸法防治桃黄叶病。

4. 酸性土壤桃树怎样施肥?

南方土壤多为酸性,pH值在5～6.5。酸性土壤风化作用和淋溶作用较强,有机质分解速度较快,保肥、供肥能力弱。有的土质黏重,结构不良,物理性能较差。施肥时应做到以下几点。

(1)增施有机肥　大量施用有机肥料,最好结合覆草或间作绿肥作物,增加土壤有机质,培肥地力。

(2)施用磷肥和石灰　钙、镁、磷肥是微碱性肥料,不溶于水而溶于弱酸。因此,把钙、镁、磷肥施在酸性土壤上,既有利于提高磷肥的有效性,又具有培肥地力的作用。在酸性较强的土壤上,施用磷矿粉效果也很显著。施用石灰可以中和土壤酸度、促进有益微生物活动、促进养分转化、提高土壤养分有效性,尤其是磷、速效钾的有效性。

(3)重视氮、钾肥的施用 酸性土壤高度的淋溶和矿化作用，使土壤氮和钾养分贫乏，加之这些矿质元素容易流失，所以必须增施氮、钾肥。施用时注意少量多次，以减少元素流失。

(4)尽量避免施用生理酸性肥料 生理酸性肥料会进一步加剧土壤的酸化程度。硫酸铵、氯化铵和氯化钾等肥料对土壤酸化作用较强，应尽量避免施用，或不连续多次使用。

5. 黏性土壤桃树怎样施肥？

(1)桃园生草或种植绿肥 黏质土壤相对比较肥沃，通过生草或种植绿肥，可以增加土壤有机质、改善土壤结构、提高土壤养分利用率。生草还可提高早春地温，降低夏季高温，减少水土流失，且有利于桃树的生长发育。

(2)施菌肥 有益微生物在土壤中进行生命活动时，释放出土壤胶体可固定的各种养分，提高土壤养分利用率。

(3)重视基肥 黏质土壤栽植桃树，往往春季发芽晚，秋季生长旺盛。秋季早施基肥有利于树体增加贮藏养分。在增施有机肥的基础上，秋季氮、磷、钾三要素的施用量可占全生育期的50%～70%。

6. 沙质土壤桃树怎样施肥？

第一，多施有机肥，施用化肥尽可能做到少量多次。一次施肥量不能过大（尤其是氮肥），以免引起肥害，或造成营养流失。

第二，氮、磷、钾三要素在基肥中含量占全年施用量的30%～50%，其余用量，在不同生育期均匀施用。

第三，微肥要与有机肥一起施用。沙质土壤种植桃树易造成硼、锌和镁等元素缺素症，但这些元素单独施用也易造成流失，或造成局部中毒，所以微肥通常要与有机肥一起施用。

7. 桃园作物秸秆覆盖应注意什么?

第一,覆草前宜深翻土壤。覆草时间宜在干旱季节之前进行,以提高土壤的蓄水、保水能力。在未经深翻熟化的桃园里,应在覆草的同时,逐年扩穴改良土壤,随扩随盖,促使根系集中分布层向下、向上同时扩展。

第二,对于较长的秸秆,如玉米秸,要切碎后再使用。

第三,连续几年覆草,可以增加桃树浅层根的密度,有利于树体生长和成花。为保护浅层根,切忌"春夏覆草,秋冬除掉"。冬春也不要刨树盘。

第四,覆草后不少害虫栖息草中,应注意向草丛喷药,起到集中诱杀的效果。或翻开覆草,撒上碳酸氢铵,也可达到消灭害虫的目的。秋季应清理树下落叶和病枝,以减缓病虫害的发生。

第五,桃园覆草应保证质量,草被厚度宜保持在 20 厘米以上,且应注意主干根颈部周围 20 厘米内不覆草,树盘内高外低以免积涝。因土壤微生物在分解腐烂物的过程中需要一定量的氮素,所以在覆草中必须施些氮肥,或在草上泼人粪尿。

第六,黏重土或低洼地的桃园覆草,易引起烂根病的发生,因此这类桃园不宜进行覆草。

8. 自然生草选什么草种好?

自然生草的草种来源于桃园中自然生长出的草,也就是先任由野生草种生根发芽,然后根据情况,人为去除有可能与桃树争夺肥水的草种。实践证明,草种应该具有无木质化或仅能形成半木质化的茎,须根多,茎叶匍匐、矮生、覆盖面大、耗水量小、适应性广的特点。生草对象主要以 1 年生草种为宜,这种草每年都能在土壤中留下大量死根,腐烂后既增加了土壤有机质含量,又能在土壤中留下许多空隙,增加其通透性。

(1)自然生草的种类　较好的自然生草种类有夏至草、斑种草、荠菜和野苜蓿等。

(2)自然生草管理　自然生草园一般要求四季全园生草。每年根据实际情况割草 2~6 次,并将割下的草覆盖树盘。自然生草桃园一般 3~10 年不耕翻。自然生草桃园一般早期人工拔除恶性杂草,连续 2~4 次,这样可在恶性草尚未对桃树形成危害之前就被消灭。在桃树萌芽、开花和展叶时,需要肥水较多,此时尽量控制草的生长,以保证土壤中的肥水优先满足桃树生长需要。

9. 怎样进行秸秆还田?应注意什么?

(1)秸秆还田方法　采用沟施深埋法,可以结合施其他有机肥料如圈粪、堆肥等进行。在树冠行间或株间开深 40~50 厘米、宽 50 厘米的条状沟,开沟时将表土与底土分放两边。同时,注意对沟内大根进行保护,对粗度 1 厘米以下的根在沟内要露出 5~10 厘米短截,以利促发新根。然后将事先准备好的秸秆与化肥、表土充分混合后埋于沟内,踏实,灌水即可,每 667 米^2 施用量 4 000 千克左右。

(2)秸秆还田应注意的问题　在秸秆直接还田时,桃树与微生物争夺速效养分的矛盾,可通过增施氮、磷肥来解决。一般认为,微生物每分解 100 克秸秆约需 0.8 克氮,即每 1 000 千克秸秆至少加入 8 千克氮才能保证微生物的分解速度不受缺氮的影响。

对所施秸秆,最好粉碎后再施,并注意施后及时浇水,以促其腐烂分解,及早供桃树吸收利用。另外,与高温堆肥相比,直接还田的秸秆如果未经高温发酵,可导致各病害的传播,所以应避免将有病虫危害的秸秆直接还田。

10. 桃园间作种植什么作物好？

桃园间作宜在幼树园的行间进行，成龄桃园一般不提倡间作。间作时应留出足够的树盘，以免影响桃树的正常生长发育。间作物以矮秆、生长期短、不与或少与桃树争肥水的作物为主，如花生、豆类、葱蒜类及中草药等。

11. 桃园清耕有什么优缺点？

桃园清耕是目前最为常用的土壤管理制度。在少雨地区，春季清耕有利于地温回升，秋季清耕有利于晚熟桃对地面散射光和辐射热的利用，有利于提高果实糖度和品质。清耕桃园内不宜种其他作物，一般在生长季进行多次中耕、秋季深耕，以保持表土疏松无杂草，同时也可加大耕层厚度。清耕法可有效地促进土壤微生物繁殖和有机物氧化分解，能显著改善和增加土壤中有机态氮素。但如果长期采用清耕法，那么在有机肥施入量不足的情况下，土壤中的有机质会迅速减少，使土壤结构遭到破坏；在雨量较多的地区或降水较为集中的季节，容易造成该地区水土流失。不恰当的桃园清耕易导致桃园生态退化、地力下降、桃树早衰、果品下降和投入增加等。

12. 能否减少施肥次数，又能保证养分不断供应？

要想既减少施肥次数，又保证养分不断供应，则可以施用缓释肥。

缓释肥是化肥的一种，就是在化肥颗粒表面包上一层很薄的疏水物质制成包膜化肥，水分可以进入多孔的半透包膜，将溶解的养分不断向膜外扩散供给作物。缓释肥主要是调整肥料养分释放速度，根据作物需求释放养分，以达到元素供肥强度与作物生理需求的动态平衡。市场上缓释肥包括涂层尿素、覆膜尿素和长效碳铵等。

一般情况下,缓释肥每年仅需施用1次即可。它有如下特点。

(1)肥料用量少,利用率提高 缓释肥肥效比一般肥料长30天以上,淋溶挥发损失减少,肥料用量比常规施肥可以减少10%～20%,可达到节约成本的目的。

(2)施用方便,省工安全 可以与速效肥料配合作基肥一次性施用,施肥用工减少1/3左右,并且施用安全,无肥害。

(3)树体生长缓和 养分缓慢释放,使肥效在一年中的不同时期都能保持稳定,缓慢供应给树体,新梢和果实生长前期不猛长,后期不脱力,有利于养分积累。

13. 怎样提高化肥利用效率?

提高化肥利用效率可以考虑以下几个方面。

(1)增施有机肥 土壤有机质较高的土壤,保肥和保水力强。

(2)施用方法 穴施比地面撒施利用率高。

(3)深度适宜 尿素要深施,这是因为尿素转化成碳酸氢铵后,在石灰性土壤上易分解挥发,造成氮素损失,因此尿素要深施覆土。

(4)与有机肥混施 铁肥与有机肥同施效果好。沙性土壤施用氯化钾时,要配合施用有机肥。酸性土壤一般不宜施用氯化钾,如要施用,可配合施用石灰和有机肥。

(5)土壤类型 在适宜土壤上施用适宜的肥料,可以提高肥效和利用率。硫酸铵不适于在酸性土壤上施用;钢渣磷肥不宜在碱性土壤上施用;氯化钾不宜在透水性差的盐碱地施用,否则会增加对土地的盐害。此外,硫酸铵不宜在同一块地上长期施用,否则土壤会变酸直至板结。

(6)施用量 一次不宜太多,如施肥量大,可以分次施用。

（7）**不混施**　如硫酸铵、碳酸氢铵不能与碱性肥料混合施用，钢渣磷肥不能与酸性肥料混合施用，否则会降低肥效。

（8）**施用时间**　有些肥料在施用时要考虑其肥效发挥时间。例如，钢渣磷肥施入土壤后，需转化成磷酸二钙才能被作物吸收，中间有一个转化过程，所以要提早施用。

14. 施尿素后应注意什么？

尿素施后忌立即浇水，更忌顺水撒施尿素。尿素施入土壤后转化成的酰胺容易随水流失，所以施后不可马上浇水，也不能在大雨前施用。尿素施后覆土可提高肥效。

15. 长期施用化肥对土壤质量有何不良影响？

第一，破坏土壤结构，导致土壤酸化，并减少土壤中有益微生物数量。硫酸铵、过磷酸钙和硫酸钾化肥中含有强酸，长期施用会使土壤不断酸化，直接或间接地危害桃树；还可杀死土壤中原有微生物，破坏微生物以各种形式参与的代谢循环。

第二，土壤养分比例失调。化肥的大量使用，影响土壤中某些营养成分的有效性，减少桃树生长发育和开花结果所需要的微量元素的吸收，从而出现营养失调。有的果农为了调节土壤酸碱度，盲目往地里施石灰，使土壤 pH 值增大，导致土壤中锌、锰、硼和碘缺乏。此外，氮、磷和钾肥施用越多，锌、硼的有效性越低。

第三，导致枝条徒长，树冠郁闭，易发生病害。

第四，果实着色差，味淡，含糖量降低，不耐贮藏。

第五，污染土壤和水。大量施用氮肥会增加地下水中硝酸盐含量；大量施用磷肥会引起地下镉离子等重金属含量升高。

16. 桃树是忌氯作物吗？

早期的报道认为，桃树是忌氯作物。后来经我国科学研究证实，桃树并不是忌氯作物，桃树可以施用氯化钾等肥料。研究表明，桃树上可以施用含氯离子的肥料，但是最好不要长期、过量施用含氯离子的肥料。如施钾肥时，应氯化钾和硫酸钾交替施用。

17. 影响桃树叶片黄化的因子有哪些？

影响桃树黄化的原因很多，主要有以下几个方面。

(1)土壤因素　土壤 pH 值影响黄化的发生程度，碱性大时黄化严重。不同的土壤施肥种类也影响黄化现象的发生，长期使用化肥者黄化重。重茬桃园易于发生黄化现象。

(2)根系因素　当根系感染某种病害时，也会表现出黄化现象。伤根较多时黄化更加明显。

(3)栽培因素　长时间负载量大也易于加重黄化。浇水过多或雨水较多时黄化加重。

(4)砧木因素　不同砧木抗黄化的能力不同。桃树的砧木多为实生繁殖，每株之间存在着差异，有时将黄化株刨掉再重新栽一株，黄化现象便消失。

(5)其他因素　高接往往导致黄化发生。

总的来看，黄化问题虽然表现在叶片上，但其实质可能是由于某种原因导致根系的生理活动受到影响，使根系的吸收功能降低导致的。黄化现象有的是可以逆转的，有的发生严重难于恢复，甚至有的黄化几年后死亡的。

18. 防治桃树叶片黄化病应采取哪些主要措施？

防治叶片黄化病主要是针对起因对症下药，才能有效。可采用以下方法。

第一，增施有机肥或酸性肥料等，降低土壤 pH 值，增加铁的有效性，促进桃树对铁元素的吸收利用。

第二，缺铁较重的桃园，可以施用可溶性铁，如螯合铁和柠檬酸铁等。目前也有一些治疗黄化的产品（叶面肥或土施肥），在进行小型试验后，再大面积应用。

第三，在发病桃树周围挖 8～10 个小穴，穴深 20～30 厘米，穴内施翠恩 1 号溶液，每株施用量因树体大小和黄化程度有关；也可围绕桃树冠周围，挖一环状沟，施用量可根据说明书中要求施用，效果也比较好。此法尤其适用于幼树。

第四，加强水分管理，合理负载。灌水要适时适量，土肥管理要科学；减少伤根；花果留量要适量，结果不要太多。高接时，除保留嫁接芽外，还可保留一些不影响接芽生长的其他水平或下垂枝条。

第五，当黄化株较严重，不易逆转时，可以考虑重新栽树。

19. 桃树叶片黄化后能喷硫酸亚铁吗？

桃树叶片黄化的原因较多，有的与缺铁有关，有的与缺铁无关。对于与缺铁无关的叶片黄化现象，无论是喷施硫酸亚铁，还是土施硫酸亚铁，均无效；而对于因缺铁引起的叶片黄化，喷硫酸亚铁的效果也不明显，可能是因为硫酸亚铁中的二价铁离子易被氧化成三价铁离子，不易被吸收的缘故。

20. 优质桃园土壤具有什么样的特征？

第一，土壤疏松，不板结，通气度大。

第二，土壤有机质含量高，养分齐全，有效养分含量适宜且相对稳定。

第三,土壤微生物数量多。

第四,土壤保水能力强,水气关系协调。

第五,抗侵蚀和土壤流失能力强。

21. 丰产优质桃园的肥力指标是什么?

第一,土壤有机质含量 1.5%～2%。

第二,土壤全氮总量大于 0.25%,全磷量大于 0.1%,全钾量大于 2%,土壤速效氮、磷和钾含量分别为 50 毫克/千克、10～30 毫克/千克及 150～200 毫克/千克。

第三,土壤总孔隙度 60%左右,田间持水量 30%以上,水稳性团粒总量 60%左右,最低通气度 20%左右。

22. 桃园土壤有机质为何能提供桃树所需的营养?

土壤有机质含有氮、磷、钾等果树所需的各种营养元素。随着有机质的矿质化,这些营养元素逐渐成为矿质盐类(如铵盐、硫酸盐、磷酸盐等),以一定速率不断释放,供桃树和微生物利用。此外,土壤有机质在分解过程中还产生多种有机酸,对土壤矿质部分有一定的溶解能力,也利于一些养分的有效吸收。另一方面,土壤有机质还能与一些多价金属离子络合,使之在土壤溶液中不发生沉淀,从而增加土壤营养成分的有效性。

23. 土壤有机质含量与土壤含水量有什么关系?

由试验数据得知,土壤有机质含量与土壤含水量成正比关系。有机质本身可以吸收大量的水分,其中腐殖质的吸水量是土壤黏粒吸水量的 10 倍。土壤中有机质含量越多,其中的有机胶体就越多,其保持水分的能力就越强。所以,有机质越多的土壤,其结构更加稳定,吸收水分也更多。

24. 桃园土壤有机质为何有保肥能力?

腐殖质是土壤有机质的主要组成之一。腐殖质带有正、负两种电荷,可以吸附阴、阳离子,又因其所带电荷以负电荷为主,所以它吸附的主要是阳离子,其中可作为营养的主要有 K^+、NH_4^+、Ca^{2+}、Mg^{2+} 等。这些离子一旦被腐殖质吸附,就可避免随土壤水分流失,而且能随时被根系附近的 H^+ 或其他阳离子交换出来,供桃树吸收利用。

腐殖质是一种含有许多功能团的弱酸,还具有提高土壤对酸碱度变化的缓冲性能的作用。它保存阳离子养分的能力,要比矿质胶体大几倍甚至几十倍。因此,对保肥力很差的桃园土壤增施有机肥后,不仅可以增加土壤中的养分含量,而且还可以改良桃园土壤的物理性状,提高其保肥能力。

25. 桃园土壤有机质为何能改善土壤理化性能?

(1)促进土壤团粒结构形成 有机质分解产生的腐殖质在土壤中主要以胶膜形式被包在矿质土粒的外表,黏结力比沙粒强,一方面有机质能增加土壤的黏着性,促进团粒结构形成;另一方面,由于它松软、絮状、多孔,且黏结力不如黏土粒强。所以,黏土粒被它包被后易形成散碎的团粒,使土壤变得松软,不再结成硬块。这说明,有机质能使沙土变紧、黏土变松,具有改善土壤的透水性、蓄水性以及通气性的能力。

(2)提高土壤吸热性能 腐殖质是一种暗褐色物质,它的存在能明显加深土壤颜色。深色土壤吸热升温快,在同样的日照条件下,其地温相对较高,从而有利于桃树春季萌芽。

(3)消除土壤农药残毒和重金属污染 有数据表明,DDT(双对氯苯基三氯乙烷)在 0.5% 褐腐酸钠水溶液中的溶解度比在水中至少大 20 倍,这就使得 DDT 容易从土壤中排出。腐殖酸还能与某些金属离子络合,络合物的水溶性增加了有毒金属离子随水排出土体的可能,从而减少对土壤的污染和对桃树的危害。

26. 增加桃园土壤有机质含量有哪些途径?

(1)增施有机肥 对清耕制桃园要重视有机肥的施用,多年施用有机肥会增加土壤中有机质的含量。

(2)人工生草 生草桃园就是行间生草、行内覆盖,可以提高土壤有机质含量,改善土壤理化性状,增加土壤通气性和各种养分含量,缓解土温剧烈变化等。主要生草种类有:三叶草、毛叶苕子等。试验表明,连续 5 年种植鸭茅和白三叶草,在 30 厘米土层内的土壤有机质含量可由 0.5%～0.7%提高至 1.6%～2%。

(3)自然生草 有选择地保留自然生长的杂草,并及时进行割草覆盖。

(4)有机废弃物的应用 通过对有机废弃物进行发酵、消毒等,使之转变成可以利用的有机肥料。

27. 桃树施有机肥应注意哪些事项?

第一,在施基肥挖坑时,注意不要伤大根,以免桃树损伤太大,导致几年都不能恢复。

第二,基肥必须尽早准备,以便能够及时施入。施用的肥料要先经过腐熟,否则易发生肥害。

第三,同量肥料连年施用比隔年施用效果好。这是因为每年施入有机肥料时会伤一些细根,可起到根系修剪的作用,使之发出更多的新根。同时,每年翻动 1 次土壤,也可起到疏松土壤、加速土肥融合和土壤熟化的作用。

第四,有机肥可与难溶性化肥、微量元素肥料等混合施用。有些难溶性化肥如果与有机肥混合发酵后施用,可增加其有效性。例如,一般可在每 667 米² 的基肥中加入 1～1.5 千克硼酸,来补充土壤硼元素。

第五,要不断变换施肥部位。据观察,在施肥沟中有多数细根集聚,但枯死根也相当多,且细根越多的部位枯死根越多。这主要是因为局部施肥量过多,导致根系生长受阻而腐烂、枯死。所以,不能总在同一地方挖沟施肥,可根据根系分布密度来变换施肥部位,或变换施肥方法。

28. 如何确定桃树施肥量?

影响施肥量的因素较多,如产量、土壤、品种、树龄、树势等,所以桃树的施肥量并不能很好地确定,果农施肥时更应该综合考虑各因素,因地制宜。

一般可以通过叶片营养分析和土壤营养元素分析进行配方施肥。但此方面的工作开展较少,目前还没有形成可供参考的施肥量。现在施肥多处于经验施肥阶段,即各地根据多年的施肥实践,总结出的适宜当地的施肥量。

幼龄桃园可以根据树龄确定施肥量,定植后第 1～3 年每 667 米² 氮肥施用量分别为 8 千克、12 千克和 15 千克,磷、钾肥施用量可以与氮肥相同。进入盛果期,在施足有机肥的基础上,每生产100 千克桃都需要补充化肥,折合纯氮(N)0.6～0.8 千克、磷 (P_2O_5) 0.3～0.4 千克、钾 (K_2O) 0.7～0.9 千克。例如,产量为3 000 千克的果园需要补充尿素 40～53 千克、过磷酸钙 75～100千克、硫酸钾 35～45 千克。确定桃园施肥量时,还要根据土壤中养分含量状况、植株养分诊断结果以及施肥方法进行调整。

29. 桃树花期是否可以进行浇水?

要具体问题具体分析。如果开花前没有浇水,且头一年也没有进行冬灌,此时花期特别干旱,可进行浇水。如果去年进行了冬灌,花期桃树不是太干旱,可以不用灌溉。

30. 桃园为何提倡沟灌?

沟灌时,在桃园行间开一条宽 40～60 厘米、深 20～30 厘米的条状沟,通过此沟向桃园浇水,可使水渗透至整个桃园。沟灌有如下优点。

(1)节水 灌溉水经沟底和沟壁渗入土壤中,水分的蒸发量与流失量较少,可达到节水效果。

(2)减轻土壤板结 灌溉水经沟底和沟壁渗入土中,对全园土壤进行均匀浸湿,可防止土壤结构的破坏,使土壤保持良好的通气性能,有利于土壤微生物的活动,减轻大水漫灌引起的土壤板结。

(3)保土保肥 大水漫灌很容易造成土肥的流失,沟灌水只在沟内流淌,大大减轻了桃园中的土肥流失。

(4)防病 不容易传播病害。

31. 什么是调亏灌溉?

调亏灌溉技术是在亏缺灌溉(EDI)技术的理论基础上发展起来的灌溉方法。桃树调亏灌溉是在桃树某一生长发育阶段,人为施加一定程度的水分胁迫(此时适度干旱),改变桃树植株的生理生化过程,调节光合产物在其不同器官之间的分配,使其在不明显降低产量的前提下,提高肥水利用效率并改善果实品质。

桃果实生长可分为 3 个阶段,第一和第三阶段果实生长快,第二阶段(即硬核期)生长较慢;而对应的枝条生长在第一和第二阶段快,第三阶段基本停止生长。桃树实施调亏灌溉的时期是在果实生长的第一阶段后期和第二阶段,在此期间严格控制灌溉次数及灌溉水量,使植株承受一定程度的水分亏缺,控制其营养生长。

到果实快速生长的第三阶段,对植株恢复充分灌溉,使果实迅速膨大。

32. 什么是根系分区灌溉?

根系分区灌溉是一种新型节水灌溉技术,是指仅对植株部分根系灌水,剩余根系进行人为的干旱控制。仅灌溉区根系吸水即可维持植株正常的生理活动,这样既减小了植株气孔开度,又降低了蒸腾速率,从而达到节水效果。分区灌溉又同时可以平衡桃树营养与生殖生长的矛盾,在取得一定产量的同时,又限制了过多的营养生长;不仅可提高水分利用率,减少修剪量,还可增加树体通风透光性,有利于提高果实品质。根系分区交替灌溉和固定灌溉比常规灌溉能节水 50%。

33. 怎样灌水才能减少桃果实裂果?

(1)易裂果的品种 有些桃品种易发生裂果,如中华寿桃、21世纪,一些油桃品种也易发生裂果。

(2)适宜的灌水方法

①水分与裂果的关系 桃果实裂果与品种有关,也与栽培技术有关,尤其与土壤水分状况更为密切。土壤水分变化对裂果有较大的影响,试验结果表明,在果实生长发育过程中,尤其是接近成熟期时,如果土壤水分含量发生骤变,则裂果率增高;如果土壤一直保持相对稳定的湿润状态,则裂果率较低。为避免果实裂果,要尽量使土壤保持稳定的含水量,避免桃园前期干旱缺水、后期大水漫灌情况的发生。

②最理想的灌溉方式 滴灌是最理想的灌溉方式。它可为易裂品种的生长发育提供较稳定的土壤水分,有利于果肉细胞的平稳增大,减轻裂果。如果是漫灌,也应在整个生长期保持水分平

衡,果实发育的第二次膨大期要适量灌水,以保持土壤相对稳定的湿度。在南方要注意雨季排水。

34. 防止桃园遭受涝害有哪些措施?

(1)**深沟高畦** 南方多雨,平地桃园可采取深沟高畦的方式栽培桃树。畦面中心高、两侧低,呈鱼背形状。桃园四周还需开总排水沟,使畦沟内的水能够流入总排水沟内,以保持园地干燥。

(2)**山地开设纵横排水系统** 横向排水沟根据梯田修筑,可设在梯田内侧,与等高线平行。纵排水沟与等高线垂直,从上而下,使水顺山势排泄;纵横排水沟连通,将横沟的水排到纵沟。如桃园地坡度太大,纵排水沟可分段设置水坝,以缓和水势,减少土壤冲刷。

(3)**及时排除雨水** 低洼易积水的地区应修好排水系统,使雨水能够顺畅地排出桃园。

(4)**换土和土壤改良** 对不透水的底土,应进行换土和土壤改良,打开不透水层,必要时可开沟换土栽植。

(5)**其他措施** 可选抗涝害能力较强的砧木,桃园中不种植阻水作物,以利顺畅排水。

35. 桃园受涝害,应采取什么措施?

受涝后的桃树应采取下列措施,恢复树势,把灾害损失降到最低程度。

(1)**及早排除积水** 可在园内每隔2～3行的树间挖一条深60厘米、宽40～60厘米的排水沟,及时排除地表水。排水的关键是要及时排除根系集中分布层多余的水,以解决根系的呼吸问题。将冲倒的树扶正,并设立支柱防倒伏。清除树盘内的压沙和淤泥,对露出的根进行培土。

(2)进行深翻 可对树盘或全园进行深翻,以利于土壤水分的散发,加强土壤通气,促进新根生长。

(3)适度修剪 要适度加重修剪,以保持树体地上、地下的平衡,坐果多的树要适量疏果,以减轻负载量。

(4)防病虫害 加强树体保护,积极防治病虫害。

36. 桃树春季发生干旱应采取什么措施?

(1)适时浇水,及时中耕 对于严重缺墒的桃园,要尽早浇水。浇水以当日平均温度稳定在 3℃ 以上,白天浇水后能较快渗下为前提。提倡使用节水灌溉技术,有条件的桃园可进行喷灌。对于有一定墒情的桃园可以全园浅锄 1 次,深度为 5~10 厘米,也可以起到较好的保墒效果。

(2)充分利用好自然降水 高海拔干旱山区要抓住降雨时机,充分利用现有积雨、积水设施积蓄雨水,增加抗旱水源。

(3)树盘覆膜 浇水后,可覆盖农膜。结果大树可在树盘内沿树两侧各整行覆盖 1 米农膜。幼树以树干为中心,覆盖时要整成内低外高、利于接纳雨水和浇灌的形状;或是沿树 1 米宽整行覆盖,膜的四周用细土压实,间隔 3~5 米压一土埂,以防风卷。

(4)桃园覆草 桃园覆草的主要草源是作物秸秆。桃园覆草不仅能有效地减少土壤水分的地面蒸腾,增加土壤蓄水、保水和抗旱的能力,还可以充分利用自然降水。

(5)及时修剪,保护较大的伤口 对桃树及时进行修剪,并对较大的伤口进行涂油漆保护,可有效防止树体水分蒸发和病虫害的侵染。

五、桃树花果管理

(一)关键技术

1. 桃树的花器有什么特点?

桃树的花可以分为有花粉和无花粉两种类型。无花粉品种的花器结构最大特点是花药内根本无花粉,或仅有极少量花粉;一般是雌蕊高于雄蕊,花粉难以附着在柱头上。

2. 无花粉品种坐果有什么特点?

(1)坐果率较低 无花粉品种坐果率低于有花粉品种,一般有花粉的品种坐果率为20%~70%,需要严格疏花疏果。而无花粉品种自然坐果率仅为0.1%~8%,且坐果在树上分布不均,要想获得理想的产量,需要配置授粉品种并进行人工授粉。

(2)不确定性 当给指定的无花粉品种的花进行人工授粉时,并不能保证授过粉的花都可以坐果。所以,在决定无花粉品种的留枝量时,可适当增加一些。

(3)不同的无花粉品种坐果率有差异 如华玉和新川中岛等品种坐果率相对高一些,而早凤王和红岗山等品种则相对较低。

3. 桃树晚上开花吗?

桃树开花与光照没有关系,而与温度密切相关。只要温度适宜,白天和晚上都可以开花。如果开花期间晚上温度高,那么晚上开花所占的比例就高。反之,则白天开的花所占比例高。

4. 桃树人工授粉有什么操作要点？

无花粉品种,在培育中庸树势和适宜结果枝的基础上,还要进行人工授粉。

(1)采花蕾 选择生长健壮、花粉量大、花期稍早于无花粉品种的桃树品种,摘取含苞待放的花蕾(大气球期)。采花蕾既不能太早,也不能太迟,采得太早,花粉粒还未形成好;采得太迟,花粉已散开。

(2)制粉 从花蕾中剥出花药,用细筛筛一遍,除去花瓣、花丝等杂质。将花药薄薄地铺在表面比较光亮的纸(如挂历纸等)上,置于室内阴干,室内要求干燥、通风、无尘、无风。大约24小时,花药自动裂开,花粉散出。将花粉装入棕色玻璃瓶中,放在冰箱冷藏室内贮存备用。注意花粉不要在阳光下暴晒或在锅中炒,否则花粉会失去活力。

(3)授粉 授粉是在初花期至盛花期进行。采用人工点授的方法,用容易粘着花粉的橡皮头、软海绵或纸捻等蘸上花粉,点授在位于花中央的柱头上,逐花进行。授粉时应当授刚开(白色)的花,粉色的或红色的花其柱头接受花粉的能力已下降。对于长果枝(大于40厘米的未短截的果枝),应授其中、上部的花。上午可授前1天晚上和上午开的花,下午授当日上午和下午开的花。可以说桃花全天均可进行授粉。全园一般应进行2～3次。

5. 桃树疏花有什么好处？

(1)节省营养 疏花包括疏花蕾和已经开放的花。1株盛果期的桃树要开12 000～15 000朵花,理论上全树只要留下400～

500 朵花用来坐果就可以。如果 15 000 朵花全部开放,需要消耗 150 克营养物质,所以说疏花蕾比疏花更节省营养。如果疏花,就可以将这些省下的营养用于果实发育,增大果个,提高品质,所以疏花比疏果节省营养。

(2)增加果实单果重 疏花试验表明:中果皮(果肉部分)细胞分裂可一直持续到盛花后 6 周。疏花明显促进了花后 3 周内幼果中果皮的细胞分裂,增加了果实中果皮细胞层数和果皮厚度,这也是导致成熟果实体积增大的主要原因。

6. 桃树在什么时候疏花合适? 怎样进行疏花?

(1)疏花时间 疏花蕾应在花前 1 周至始花前进行。疏花是在始花至终花期进行。对易受冻害的品种,以及处于易受晚霜、风沙和阴雨等不良气候影响地区的桃树,一般不进行疏花。对于无花粉品种建议不进行疏花,只对坐果率高的品种进行疏花。

(2)疏花方法 疏花量一般为总花量的 $1/4 \sim 1/3$。疏花蕾时,应去掉发育差、花朵小、畸形的花蕾。在长果枝上疏掉前部和后部的花蕾,留中间位置的花蕾。短果枝和花束状果枝则去掉后部花蕾。疏花时,先疏去晚开的花、畸形花、朝天花和无枝叶的花。疏结果枝基部花,留中、上部花;中、上部花疏双花,留单花。预备枝上花全部疏掉。

7. 桃树怎样进行疏果?

(1)疏果时期 分 2 次进行。第一次疏果一般在落花后 15~20 天,能辨出大小果时方可进行。留果量为最后留果量的 2~3倍。第二次疏果即定果,定果时期是在完成第一次疏果之后就开始,大约在花后 1 个月进行,硬核之前结束。

(2)疏果方法 疏果时疏除短圆形果,保留长圆形果,长形果将来长成的果实较大。疏除朝天果,保留侧生果,并生果去1留1。疏除小果、萎黄果、畸形果和病虫害果。采用长枝修剪时,疏去长果枝基部的果,保留果枝中上部的果。留果数量要考虑果实大小。一般长果枝留果3~5个(大中型果留3个,小型果留4~5个),中果枝留1~3个(大中型果留1~2个,小型果留2~3个),短果枝留1个或不留(大中型果每2~3个果枝留1个果,小型果每1~2个短果枝留1个果)。也可根据果间距进行留果,果间距依果实大小而定,一般为15~25厘米。留果量与树体部位及树势有关。树体下部的结果枝少留果,上部的结果枝要适当多留果,以果控制枝条旺长,达到均衡树势的目的。树势强的树,多留果;树势弱,则少留果。

(3)留果量 南方桃产量较低,产量一般为1500千克/667米^2,高者2 000千克/667米^2,但果实品质好,其可溶性固形物含量一般为12%~14%,有的高达15%以上。北方桃产量高,产量一般为2 000~3 000千克/667米^2,高者达4 000千克/667米^{2}以上,但果实品质较差,其可溶性固形物含量一般为10%~12%。为了提高内在品质,建议北方桃产区把产量控制在2 000~2 500千克/667米^2。

8. 桃树果实套袋有什么好处?

(1)提高果品质量 套袋可以改善果面色泽,使果面干净、鲜艳,提高果品外观质量。

(2)减轻病、虫、鸟危害及果实农药残留 果实套袋可有效地防止食心虫、蝽象及桃炭疽病、褐腐病的危害;可有效提高好果率,减少经济损失。

(3)防止裂果 对于一些易发生裂果的品种,通过套袋可以有效地防止裂果。

(4)减轻和防止自然灾害 试验证明,对果实进行套袋,可有效地防止果实日灼,并可减轻冰雹危害。

9. 哪些桃树品种适宜套袋?

(1)**自然情况下着色不鲜艳的晚熟品种** 有些品种在自然条件下,可以着色,但是不鲜艳,表现为暗红色或深红色,如燕红等。

(2)**自然情况下不易着色的品种** 有些品种在自然条件下,基本不着色,或仅有一点红晕,如深州蜜桃和肥城桃等。

(3)**易裂果的品种** 自然条件下或遇雨条件下易发生裂果,如中华寿桃、燕红、21世纪、华光及瑞光3号等。

(4)**加工制罐品种** 自然条件下,由于太阳光照射,果肉内部易有红色素,影响加工性能。常见品种有金童系列品种。

(5)**其他品种** 由于套袋果实价格高,果农在一些早熟或中熟品种上也进行套袋,如早露蟠桃和大久保等。

10. 怎样选择果实的套袋?

果实袋的选择应根据品种特性和立地条件灵活选用。一般早熟品种、易于着色的品种或设施栽培的品种使用白色或黄色袋,晚熟品种用橙色或褐色袋。极晚熟品种使用深色双层袋(外袋外灰内黑,内袋为黑色)。经常遇雨的地区宜选用浅色袋。难以着色的品种要选用外白内黑的复合单层袋,或外层为外白内黑的复合单层纸、内层为白色半透明的双层袋。晚熟桃如中华寿桃用双层深色袋最好。

11. 桃果实套袋有什么技术要点?

(1)**套袋时间** 套袋在定果后进行,时间应掌握在主要蛀果害虫入果之前。套袋前喷1次杀虫杀菌剂。不易落果的品种、早熟品种及盛果期树先套,易发生落果的品种及幼树后套。套袋应选择晴天,避开高温、雾天,忌在幼果表面有露水时套袋。套袋适宜时间为上午 9～11 时和下午 3～6 时。

(2)套袋方法 套袋前将整捆果袋放于潮湿处,使之返潮、柔韧。选定幼果后,小心地除去附着在果实上的花瓣及其他杂物,左手托住纸袋,右手撑开袋口,或用嘴吹开袋口,使袋体膨起,将袋底两角的通气放水孔张开。手执袋口下 2～3 厘米处,袋口向上或向下,套入果实,套入果实后使果柄置于袋的开口基部(不要将叶片和枝条装入果袋内),然后从袋口两侧依次按折扇方式折叠袋口于切口处,将捆扎丝扎紧袋口于折叠处,于线口上方从连接点处撕开将捆扎丝返转 90°,沿袋口旋转 1 周扎紧袋口,防止纸袋被风吹落。注意一定要使幼果位于袋体中央,不要使幼果贴住纸袋,以免灼伤。另外,树冠上部及骨干枝背上裸露果实应少套,以避免日灼。果实在果树上的套袋顺序是先上后下、从内到外,可防止遗漏。绳扎或铁丝扎袋口均需扎在结果枝上,不得扎在果柄处,否则易造成果实压伤或落果。

12. 怎样进行桃果实解袋?

(1)解袋时间 因品种和地区不同而异。鲜食品种采收前摘袋,有利于着色。硬肉桃品种于采前 3～5 天解袋,软肉桃于采前 2～3 天解袋。不易着色的品种,如中华寿桃解袋时间应在采收前 10 天效果最好。解袋过早或过晚都达不到预期效果,过早解袋的果实与对照差异不明显;摘袋过晚,果面着色浅,贮藏易褪色,影响销售。一天中适宜解袋的时间为上午 9～11 时,下午 3～5 时;上午解南侧的纸袋,一定要避开中午日光最强的时间,以免果实发生日灼。

(2)解袋方法 解袋宜在阴天或傍晚时进行,可使桃果免受阳光突然照射而发生日灼;也可在解袋前数日先把纸袋底部撕开,使果实先受散射光,再逐渐将袋体解掉。为减少果肉内色素的产生,用于罐藏加工的桃果可以带袋采收,即采前不必解袋。果实成熟期间雨水集中地区,裂果严重的品种也可不解袋。

(3)解袋时的注意事项 梨小食心虫发生较重的地区,果实解袋后,要尽早采收。否则,如正遇上梨小食心虫产卵高峰期,会引起梨小食心虫的危害。

13. 桃套袋后及解袋后的管理应注意什么问题?

一般套袋果的可溶性固形物含量比不套袋果有所降低,在栽培管理上应采取相应措施,提高果实可溶性固形物含量。主要的措施有 3 个方面。

(1)增施有机肥和磷、钾肥等 尽量少施或不施氮肥,增加有机肥和磷、钾肥的施用量,可以提高果实品质,尤其是可溶性固形物含量。

(2)适度修剪 为使果实着色好,在解袋前后疏除背上枝、内膛徒长枝,以增加果实光照强度。同时,也要避免过度修剪造成果实日灼。

(3)适度摘叶 解袋后,要及时进行摘叶,尤其是影响果实着色的叶片。

14. 反光膜的选择应注意什么? 怎样给桃树铺设反光膜?

桃园铺设反光膜既可促进果实着色,提高果实品质,又可调节桃园小气候,已开始在生产中应用。

(1)反光膜的选择 反光膜宜选用反光性能好、防潮、防氧化、抗拉力强的复合性塑料镀铝薄膜,一般可选用聚丙烯、聚酯铝箔和聚乙烯等材料制成的薄膜。这类薄膜反光率一般可达 60%～70%,使用效果比较好,可连续使用 3～5 年。

(2)反光膜的铺设

①铺设时间 套袋园一般在去袋后马上铺膜,没有套袋的桃

园宜在桃实着色前进行。

②准备工作　清除地面上的杂草、石块、木棍等。用铁耙把树盘整平，略带坡降，以防积水。套袋桃园要先去袋后铺膜，并进行适当的摘叶。去袋后至铺膜前要全园喷洒1遍杀菌剂，以水制剂杀菌药为主。为打开光路，需对树冠内膛郁闭枝、拖地的下垂枝及遮光严重的长枝适当进行回缩和疏除修剪，以使更多的光能够反射到果实上，提高反光膜的反射效率。

③具体方法　顺着树行铺，铺在树冠投影两侧，反光膜的外缘与树冠的外缘对齐。铺设时，将整卷的反光膜放于桃园的一端，然后倒退着将膜慢慢地滚动展开，并随时用砖块或其他物体压膜，以防止风吹膜动。用泥土压膜时，可将土壤事先装进塑料袋中，以保持反光膜的洁净，提高反光效果。铺膜时要小心，不要把膜刺破。一般铺膜面积为 $300\sim400$ 米^2/667 米^2。

④铺后管理　反光膜铺上以后，要注意经常检查。遇到大风或下雨天气，应及时采取措施，把刮起的反光膜铺平，将膜上的泥土、落叶和积水清理干净，以免影响反光效果。采收前将膜收拾干净后妥善保存，以备翌年再用。

（二）疑难问题

1. 桃树人工授粉时应注意什么？

无花粉品种柱头与花药的相对位置有2种情况：一是柱头比花药高；二是柱头比花药高，但柱头弯曲后便与花药等高。柱头比花药高的品种产量低，一般无花粉品种的柱头会比花药高。进行授粉时一定要将花粉授到柱头上，要用蘸有花粉的软海绵或纸捻等垂直去接触柱头，而不是将蘸有花粉的软海绵或纸捻随便在花的中央位置压一下。对于弯曲的柱头来说，这样做不能保证花粉授到柱头上。

2. 一天中何时授粉效果好?

只要是温度合适,桃树全天会不停地开花。头天晚上和当日上午开的花可以当日上午授,下午授当日开的花。授粉的关键是要授柱头上已出现黏液的花,花瓣、花丝和柱头已变红的花,其柱头上黏液较少,不宜再授粉。

3. 蜜蜂在桃树上的授粉特性是什么?

由于无花粉品种花药内没有花粉,蜜蜂不会去采粉或访花率较低,从而使采蜜的蜜蜂携带的花粉量较少,所以采用蜜蜂授粉,授粉效果较差,坐果率低。但是多年试验证明,如加大蜜蜂的数量,也能取得较好的效果。

4. 什么样的气候条件有利于桃树坐果?

桃树开花期的温度与授粉和坐果有密切的关系。当花期温度在 18℃左右时,花期持续时间较长,授粉机会多,坐果率高;相反,如花期温度高于 25℃,则花期较短,开花速度快,坐果率则低。试验表明,在人工条件下,桃花粉在 18℃～28℃范围内,温度越高,发芽率也越高;0℃～6℃,也有相当数量的花粉能够发芽。当温度28℃时,桃花粉发芽率为 87.1%;在 4℃～6℃时,发芽率为72.4%;温度在 0℃～2℃时,发芽率为 47.2%。这就说明,即使花期遇上寒流,对桃树来说,还是有相当数量的花能够授粉。花期微风有利于授粉,但如遇大风,则柱头易干,不利于授粉。

5. 发育到什么时候的桃幼果大小与成熟时的果实大小有密切关系？

早期的国外研究认为,桃果实核尖硬化 10 天的幼果大小与成熟时的果实大小有密切的关系。观察表明,同一个品种的桃核重与单果重之间有一定关系,即大果的核重也大。

6. 桃花芽的质量与坐果和果实大小有何关系？

花芽及花的质量好坏与坐果和果实大小有很大的关系。冬季树体营养贮备充足时,花芽分化质量好,花的质量好,柱头接受花粉能力强,坐果率高,将来长成大果的可能性也较大。长果枝中上部的花芽质量一般都较好,所结的果实也较大。

7. 为何早凤王等无花粉桃品种在果实长到桃核大小时还会落果？

一些无花粉品种,如早凤王、丰白等品种,当果实长到桃核大小(硬核期前)时,还会出现脱落现象,主要原因是该花只进行了授粉,却没有受精。此时若对脱落的果实进行纵剖后会发现,果实内无种子,或种子已变褐。

8. 桃发生双胞胎果是怎么回事？

一般情况下,一朵花中只有一个柱头,授粉受精后发育成 1 个果实。如果一朵花中有 2 个柱头,授精受精后则发育成双胞胎果。

双胞胎果的发生与气候有关,尤其是与头一年夏季花芽分化时异常的高温干旱或当年花期温度骤然升高有关。不同年份、不同地点、不同品种及不同果枝类型发生情况不同,一般短果枝上双柱头多于长果枝,单花芽双柱头多于双花芽。如果设施桃树休眠不足或花前温度高,则双胞胎果比例相对较高。据调查,2014年湖北及河南省等地双胞胎果比往年要多,但不影响产量。在疏果时,可将双胞胎果疏除保留发育正常果实。

9. 桃奴是怎样形成的?

一些无花粉的品种,未经授粉受精而结的果实,被称为单性结实,所结果实叫单性果,俗称桃奴。自然状态的深州蜜桃、丰白和安农水蜜等品种也都会结一定数量的桃奴。桃奴的基本特征是核薄,有种皮,无种仁或种仁很小,果个小(重10~20克,为正常果重的1/15~1/10)、畸形、肉硬、汁少,成熟后口味才变甜,无商品价值。此外,一些有花粉品种有时也会形成桃奴;在旺长或衰弱的桃园中,易产生桃奴。桃奴的产生与品种和栽培技术有关,也与当地气候有关。生产中尽量减少桃奴的产生,一是要采用正确的授粉方法,确保有效授粉,提高坐果率;二是使树势保持中庸状态;三是保持通风透光,提高花芽质量;四是合理施肥,尤其是增施有机肥。

10. 光照对桃果实品质的形成有何作用?

果实品质的形成是在一定的光照条件下进行的。只有光照充足,果实的内在品质,如可溶性固形物含量、香味等才能充分表达出来。如果不见光或光照差,即使果个大、果面全红,果实内在品质也较差。

11. 不同桃品种的结果枝结果特性有何不同?

桃树各种果枝均可结果,但不是所有的枝条都可结出优质果实。不同的品种,其结果枝结果特性不同。有的品种在水平枝或斜生的长果枝上结果较好,某些品种在较细的中、短结果枝上更易长成较大的果实。

12. 怎样促进桃果实着色？

(1)套袋 套袋可以促进不着色、着色差或着色暗的品种果实着色，且果实鲜艳。

(2)修剪 着色前进行修剪，使树冠内通风透光，同时剪除影响果实着色的枝条。

(3)地面铺反光膜 可以促进树冠内下部果实着色。

(4)摘叶 摘叶是促进果实着色的技术措施之一。摘叶就是摘除遮挡果面着色的叶片。摘叶的方法是：左手扶住果枝，用右手大拇指和食指的指甲将叶柄从中部掐断，或用剪刀剪断。忌将叶柄从芽体上撕下，否则会损伤母枝的芽体。在叶片密度较小的树冠区域，也可直接将遮挡果面的叶片扭转到果实侧面或背面，使其不再遮挡果实，以达到果面均匀着色的目的。

六、桃树主要病虫害防治

（一）关键技术

1. 近几年桃树病虫害发生有什么特点？

（1）病　害

第一，地下病害发生偏重，如根癌病。

第二，某些晚熟桃品种的疮痂病和褐腐病在某些桃园发生较多。

第三，叶片黄化病和流胶病逐年加重。其中，叶片黄化病在部分地区和桃园，尤其是北方桃园，已影响树势、花芽形成、开花及坐果，严重者可致死亡。

（2）虫　害

第一，梨小食心虫。此虫害与不同年份和当年气候有关，在大部分地区危害严重。

第二，绿盲蝽。此虫害在桃树上危害严重，主要危害嫩叶和果实。

第三，蚜虫。蚜虫危害提前发生。以往蚜虫发生在盛花期后，这时已完成了授粉和受精，对坐果影响不大，只是危害幼叶。近几年，蚜虫在开花前或正值盛花期时就开始发生，而且繁殖速度极快，主要危害花及幼果，造成桃树落花落果现象。

此外，红颈天牛在某些地区发生较重；蜗牛在局部地区有加重的趋势，尤其是在降雨多的年份；桃潜叶蛾危害较轻；绿吉丁虫危害加重。

2. 造成病虫害发生的原因是什么？

(1)气候变化 近几年在北方桃产区,流胶病的发生呈现越来越严重的趋势,可能是因为近些年气候变暖,尤其是夏季气温增高的缘故。

(2)建园选址不当 如果在重茬地建园,则病害相对重;购买的苗木带有根癌病及其他病菌,定植后,病菌随着苗木生长而繁殖,病害就逐渐表现出来;如果在黏土地上建园,则容易产生流胶病。

(3)病虫害防治不合理 不科学的病虫害防治,使具体的防治措施不能到位,出现"越治越重"和"越治越治不了"的现象。目前,病虫害的防治时间、防治方法和用药种类等均存在不合理现象。

(4)栽培管理不科学

①施肥不科学 大量施用化肥,造成土壤板结,一些营养因被土壤固定而不能被根系吸收,使树体表现综合性缺素。

②修剪不科学 造成了太多大伤口,使树体易感染侵染性病害。夏季修剪不及时,树体不通风透光,也易发生一些病害。

(5)其他 桃价格一旦降低,桃农就不注重桃园病虫害防治,几年后病虫害加重,等到再进行防治时已经到难以防治的地步。

3. 危害桃树的蚜虫有几种？怎样进行防治？

危害桃树的蚜虫主要有3种:桃蚜、桃粉蚜和桃瘤蚜。生产中常见的主要是桃蚜。

(1)危害症状

①桃蚜 桃蚜以成虫或若虫群集叶背吸食汁液。桃蚜危害的嫩叶皱缩扭曲,严重时被害树当年枝梢生长和果实发育均受影响。

②桃粉蚜　桃粉蚜也是以成虫或若虫群集叶背吸食汁液。桃粉蚜发生时期晚于桃蚜。桃粉蚜危害时,叶背布满白粉,有时在成熟叶片上危害。

③桃瘤蚜　桃瘤蚜对嫩叶、老叶均可危害。被害叶的叶缘向背面纵卷,卷曲处组织增厚、凹凸不平,初为淡绿色,渐变为紫红色,严重时全叶卷曲。

(2)发生规律　蚜虫在北方每年发生 10 余代。卵在桃树枝条间隙及芽腋中越冬,3 月中下旬开始孤雌胎生繁殖,新梢展叶后开始危害。有些在盛花期时危害花器、刺吸子房,影响坐果。蚜虫繁殖几代后,在 5 月份开始产生有翅成虫;6～7 月份飞迁至第二寄主,如烟草、萝卜等蔬菜上;到 10 月份再次飞回桃树上产卵越冬,且有一部分成虫或若虫在上述的第二寄主上越冬。

(3)防治方法

①农业防治　合理整形修剪,加强土肥水管理,清除枯枝落叶。将被害枝梢剪除并集中烧毁。桃树行间或桃园附近,不宜种植烟草、白菜等,以减少蚜虫的夏季繁殖场所。桃园内种植大蒜,可相应减轻蚜虫的危害。

②生物防治　蚜虫有很多天敌,如瓢虫、食蚜蝇、草蛉、蜘蛛等,对蚜虫都有很强的抑制作用。应尽量避免在天敌多时喷药。

③化学防治　萌芽期和发生期,喷 10％吡虫啉可湿性粉剂4 000～5 000 倍液。一般要掌握喷药及时、周到,不漏树、不漏枝等原则。

4. 怎样防治山楂红蜘蛛?

(1)危害症状　山楂红蜘蛛常群集叶背危害,并吐丝拉网(雌虫)。早春出蛰后,雌虫集中在内膛危害,形成局部受害现象,以后渐向外围扩散。被害叶面出现失绿斑点,逐渐扩大成红褐色斑块,严重时叶片焦枯脱落,影响树势和花芽分化。

(2)发生规律 山楂红蜘蛛以受精的雌虫在枝干树皮的裂缝中及靠近树干基部的土块缝里越冬。每年发生代数因各地气候而异,一般5～9代。此害虫一般是6月份开始危害,7～8月间繁殖最快,高温且干燥时危害尤其严重。8～10月份产生越冬成虫。越冬雌虫出现早晚与桃树受害程度有关,桃树受害严重时,7月下旬即可产生越冬成虫。

(3)防治方法

①农业防治 加强桃园管理,清扫落叶,翻耕树盘,树干绑草把,可消灭部分越冬雌虫。

②生物防治 保护利用天敌:东方植绥螨。

③化学防治 发芽前喷洒2～5波美度石硫合剂。害虫发生时喷1.8%阿维菌素乳油3 000～4 000倍液。

5. 怎样防治二斑叶螨?

(1)危害症状 以幼螨、成螨群集在叶背取食和繁殖。严重时叶片呈灰色,大量落叶。该螨有明显的结网习性,特别在数量多时,丝网可覆盖叶的背面或在叶柄与枝条间拉网,叶螨在网上产卵、穿行。

(2)发生规律 每年发生10代以上。以受精雌成虫在树干皮下、粗皮裂缝内和杂草下群集越冬。4月上中旬为第一代卵期,6～8月份为猖獗危害期。10月份陆续越冬。

(3)防治方法

①农业防治 冬季清园,刮树皮,及时清除地下杂草。在越冬雌成虫进入越冬前,树干绑草,诱集其在草上越冬,早春出蛰前解除绑草烧毁。

②生物防治 保护、利用和引进二斑叶螨天敌:西方盲走螨。

③化学防治 发芽前喷洒2～5波美度石硫合剂。在发生初期,喷1.8%阿维菌素乳油3 000～4 000倍液。二斑叶螨的防治以

早治效果好。

6. 怎样防治梨小食心虫？

(1) 危害症状 春夏发生的幼虫主要危害桃树新梢,从新梢未木质化的顶部蛀入,向下部蛀食,桃梢受害后梢端中空,当到木质化部分时,便从中爬出,转至另一新梢危害。危害果实时,受害桃果上有蛀孔,有的从蛀果处流胶,并引起腐烂。蛀孔部位有果实顶部、胴部和梗洼处,通过调查发现,油桃从梗洼处蛀入的比较多。

(2) 发生规律 在河北省中南部地区每年发生 4～5 代。梨小食心虫以老熟幼虫在枝干老翘皮和根茎裂缝处及土中结成灰白薄茧越冬;也有的在绑缚物、果品库及果品包装中越冬。翌年 4 月份化蛹,羽化为成虫后在桃叶上产卵,第一代和第二代幼虫主要危害桃的新梢。危害果实的产卵于果实表面。例如,石家庄地区一般 7～8 月份发生的幼虫主要危害桃果实和新梢,梨小食心虫幼虫一般只危害即将成熟的果实和正在生长的嫩梢。到 9 月份之后,由于树上没有正在生长的嫩梢,则主要危害果实。成虫白天多静伏在叶片、杂草等隐蔽处,黄昏后活动。此害虫发生期不整齐,世代交替。一般与梨混栽或邻栽的桃园发生严重,山地、管理粗放的桃园也严重。雨水多、湿度大的年份,成虫产卵多,危害也会严重。

(3) 防治方法

①农业防治 新建园时尽可能避免桃、梨等混栽。刮除枝干老翘皮,集中烧毁。越冬幼虫脱果前,在主枝、主干上束草诱集脱果幼虫,晚秋或早春取下烧掉,及时剪除被害桃梢。

②物理防治 黑光灯、性诱剂、糖醋液等可诱杀成虫,也可作为预测预报。

③生物防治 释放松毛虫赤眼蜂,防治梨小食心虫;用梨小食心虫性诱剂迷向法干扰成虫正常交尾。

④果实套袋 目前,果实套袋为一种行之有效的方法。但是

去袋后不及时采收,如果此时正值产卵期,梨小食心虫同样会到果实上产卵,之后孵化出的幼虫也可进入果实危害。最好能在幼虫进入果实危害之前采收。

⑤化学防治　关键时期是孵化幼虫蛀梢和蛀果前。在每一代成虫发生高峰期开始进行化学防治,可连续喷药 2 次,相差 5 天左右。幼虫一旦进入新梢或果实危害,进行化学防治的效果就很差。适宜的农药有 35%氯虫苯甲酰胺水分散粒剂 7 000～10 000 倍液,或 2%甲氨基阿维菌素苯甲酸盐 1 000 倍液,或 48%毒死蜱乳油1 000 倍液,或 2.5%高效氯氟氰菊酯乳油 1 000 倍液,或 25%灭幼脲 3 号乳油 1 500 倍液,或 1%苦参碱 1 000 倍液,或 1.8%阿维菌素乳油 3 000～4 000 倍液,或 25%氰戊菊酯乳油 2 000～2 500 倍液＋25%灭幼脲 3 号乳油 1 500 倍液等。

7. 怎样防治桃蛀螟?

(1)危害症状　以幼虫危害桃果实。卵产于两果之间或果叶连接处,幼虫易从果实肩部或两果连接处进入果实,并有转果习性。蛀孔处常分泌黄褐色透明胶汁,并排泄粪便粘在蛀孔周围。

(2)发生规律　在我国北方每年发生 2～3 代。以老熟幼虫在向日葵花盘或茎秆、玉米以及树体粗皮裂缝、树洞等处做茧越冬。5 月下旬至 6 月上旬发生越冬代成虫,第一代成虫发生在 7 月下旬至 8 月上旬。第一代幼虫主要危害早熟桃,第二代幼虫多危害晚熟桃、向日葵、玉米等。成虫白天静伏于树冠内膛或叶背,傍晚产卵,主要产于桃果实表面。成虫对黑光灯有强烈趋性,对花蜜、糖醋液也有趋性。

(3)防治方法

①农业防治　冬季或早春及时处理向日葵、玉米等秸秆,并刮除桃树老翘皮,清除越冬茧。生长季及时摘除被害果,并捡拾落果,集中处理。秋季采果前在树干上绑草把诱集越冬幼虫集中杀

灭。也可间作诱集植物(玉米、向日葵等),开花后引诱成虫产卵,定期喷药消灭。

②物理防治　利用黑光灯、糖醋液诱杀成虫。

③生物防治　用性诱剂诱杀成虫。

④化学防治　在各成虫羽化产卵期喷药1～2次。交替使用2.5%高效氯氟氰菊酯乳油3 000倍液,或2.5%溴氰菊酯乳油2 000～3 000倍液,或20%杀铃脲悬浮剂8 000倍液。

8. 怎样防治桃红颈天牛?

(1)危害症状　幼虫危害桃主干或主枝基部皮下的形成层和木质部浅层部分,在危害部位的蛀孔外有大堆虫粪。当树干形成层被钻蛀对环后,可致整株树体死亡。

(2)发生规律　2～3年发生1代,以幼虫在树干蛀道内越冬。成虫在6月间开始羽化,中午多静息在枝干上,交尾后在主干、主枝基部的缝隙或锯口附近产卵,卵经10天左右孵化成幼虫,在皮下危害,以后逐渐深入韧皮部和木质部。

(3)防治方法　桃红颈天牛虽危害较大,但种群数量不多,可用以下方法防治。

①人工捕捉　成虫出现期,利用午间静息的习性进行人工捕捉。特别是雨后天晴时,成虫出现得最多。另外,在桃园内每隔30米,距地面1米左右挂一装有糖醋液的罐头瓶,诱杀成虫。

②涂白涂剂　成虫产卵前,在主干基部涂白涂剂,防止成虫产卵。

③杀灭初孵幼虫　产卵盛期至幼虫孵化期,在主干上喷施2.5%高效氯氟氰菊酯乳油3 000倍液。

④灭杀幼虫　4～9月份,在发现有虫粪的地方,挖、熏、毒杀幼虫。

9. 怎样防治桃桑白蚧?

(1)危害症状 桑白蚧以若虫和成虫刺吸寄主汁液,虫量特别大时,完全覆盖住树皮,甚至相互叠压在一起,形成凹凸不平的灰白色蜡质物。受害重的枝条发育不良,严重者可整株死亡。

(2)发生规律 华北地区每年发生2代,以受精雌虫在枝干上越冬。4月下旬产卵,卵产于壳下。若虫孵出后,爬出母壳,在2~5年生枝上固定吸食,5~7天开始分泌蜡质。

(3)防治方法

①人工防治 在桃园初发现桑白蚧时,剪除虫枝烧毁。休眠期用硬毛刷,刷掉枝条上的越冬雌虫,并剪除受害枝条,一同烧毁,之后喷石硫合剂。

②生物防治 天敌主要有红点唇瓢虫、日本方头甲寄生蜂、桑白蚧恩蚜小蜂、草蛉等。

③化学防治 喷药时期必须在幼虫出壳,但尚未分泌蜡粉之前的1周内才有效。可喷施48%毒死蜱乳油1 000~1 500倍液。

10. 怎样防治苹小卷叶蛾?

(1)危害症状 幼虫吐丝缀叶,潜居其中危害,使叶片枯黄,破烂不堪。并将叶片缀贴到果上,啃食果皮和果肉,把果皮啃成小凹坑。

(2)发生规律 每年发生3~4代,以幼虫在剪锯口、老树皮缝隙内结白色小茧越冬。翌年桃树发芽时幼虫开始出蛰,蛀食嫩芽,以后吐丝将叶片连缀,并可转叶危害。幼虫老熟后,在卷叶内或缀叶间化蛹。成虫夜晚活动,有趋光性,对糖醋液趋性很强。

(3)防治方法

①农业防治 桃树休眠期彻底刮除树体粗皮、剪锯口周围死

皮,消灭越冬幼虫。发现有吐丝缀叶者,及时剪除虫梢,消灭正在危害的幼虫。桃果实接近成熟时,摘除果实周围的叶片,以防幼虫贴叶危害;9月上旬主枝绑草把,或诱虫带,或布条,诱集越冬幼虫,冬季集中销毁。

②**物理防治** 树冠内挂糖醋液诱集成虫。有条件的桃园,可设置黑光灯和性诱剂诱灭成虫。

③**生物防治** 在卵期可释放赤眼蜂;幼虫期释放甲腹茧蜂;保护好天敌狼蛛。

④**化学防治** 在苹小卷叶蛾第一代和第二代发生高峰期可用52.25%氯氰·毒死蜱乳油2 000倍液,或48%毒死蜱乳油+5%高效氯氰菊酯乳油1 200~1 500倍液进行防治。

11. 怎样防治桃潜叶蛾?

(1)危害症状 幼虫在叶组织内串食叶肉,形成弯曲的食痕。叶片表皮不破裂,由叶面透视清晰可见,严重时受害叶片枯死脱落。

(2)发生规律 该虫以蛹在茧内越冬。翌年展叶后成虫羽化产卵,幼虫孵化后即潜入叶肉内危害。每年发生6~7代,11月份即开始化蛹越冬。

(3)防治方法

①**农业防治** 冬季彻底清除落叶,消灭越冬蛹。

②**化学防治** 在成虫发生期喷药防治,可用25%灭幼脲3号悬浮剂1 000~2 000倍液。喷药应在害虫发生前期进行,危害严重时再喷药效果不佳。

12. 怎样防治桃绿吉丁虫?

(1)危害症状 幼虫孵化后从卵壳下直接蛀入树体,幼虫于枝干皮层内、韧皮部与木质部间蛀食,蛀道较短且宽,隧道弯曲不规则,粪便排于隧道中。在较幼嫩光滑的枝干上,被害处外表常显褐色至黑色,后期常纵裂。在老枝干和皮厚粗糙的枝干上外表症状不明显,难以发现。被害株轻者树势衰弱,重者枝条甚至全株死亡。成虫可少量取食叶片,危害不明显,主干被蛀一圈便枯死。

(2)发生规律 1~2年发生1代,至秋末少数老熟幼虫蛀入木质部,做船底形蛹室于内越冬,未老熟者于蛀道内越冬。翌年桃树萌芽时开始活动危害。成虫白天活动,产卵于树干粗糙的皮缝和伤口处。幼虫孵化后,先在皮层蛀食,后逐渐深入皮层下,围绕树干串食,常造成整枝或整株枯死。8月份以后,蛀入木质部,秋后在隧道内越冬。

(3)防治方法

①农业防治 清除枯死树,减少虫源。及时刮除枝干粗皮,成虫产卵前,在树干涂白,阻止其产卵。对于大的伤口,要用塑料布包裹好,防止害虫产卵。

②人工钩杀 幼虫危害时期,树皮变黑,用刀将皮下的幼虫挖出,或者用刀在被害处顺树干纵划二三刀,阻止树体被虫环割,这样既能避免整株死亡,又可杀死其中幼虫。可用5%高效氯氰菊酯乳油100倍液刷干,毒杀幼虫。

③化学防治 成虫发生期喷5%高效氯氰菊酯乳油1 000~1 500倍液。

13. 怎样防治茶翅蝽?

(1)危害症状 主要危害果实,从幼果至成熟果实均可危害。果实被害后,呈凹凸不平的畸形果,果肉下陷并变空,木栓化、僵硬,失去食用价值。

(2)发生规律 每年发生1代。以成虫在村舍檐下、墙缝空隙内及石缝中越冬。4月下旬出蛰,5月上旬扩散到田间进行危害。

6月上旬田间出现大量初孵若虫,小若虫先群集在卵壳周围呈环状排列,二龄以后渐渐扩散到附近的果实上取食危害。田间的畸形果主要是若虫危害所致,新羽化的成虫继续危害直到果实采收。9月中旬以后成虫开始寻找场所越冬。茶翅蝽成虫有一定飞翔能力,进入桃园后,在无惊扰的条件下,迁飞扩散并不活跃。一般早晨成虫不轻易飞翔。桃园中桃果的受害率有明显"边行重于中央"的趋势。

(3)防治方法 茶翅蝽的成虫具有飞翔能力,树上喷药对成虫的防效很差,主要采用农业防治方法。

①农业防治

第一,越冬场所诱集。秋季在桃园附近的空房内,将纸箱、水泥纸袋等折叠后挂在墙上,能诱集大量成虫在其中越冬,翌年出蛰前收集消灭。或在秋、冬傍晚于桃园房前屋后、向阳面墙面捕杀茶翅蝽越冬成虫。

第二,捕杀若虫和成虫。越冬成虫出蛰后,根据其首先集中危害桃园外围树木及边行的特点,于成虫产卵前早、晚振树捕杀。结合其他管理措施,随时摘除卵块及捕杀初孵若虫。

第三,果实套袋。在害虫产卵和危害前进行果实套袋。

第四,成虫诱杀。在桃园周围种一些红萝卜、香菜、芹菜、洋葱、大葱等,这些蔬菜开花时能释放出特殊香味,茶翅蝽会飞到其花上,这时可用化学防治法将害虫集中杀死。

②化学防治 喷5%高效氯氰菊酯乳油1 000～1 500倍液进行防治。

14. 怎样防治苹毛金龟子?

(1)危害症状 主要危害花器和叶片。据观察,苹毛金龟子多在树冠外围的果枝上危害,啃食花器时有群居特性,喜多只聚于一个果枝上危害,有时聚达10多只。

(2)发生规律　每年发生1代,以成虫在土中越冬。翌年春3月下旬开始出土活动,主要危害花蕾。产卵盛期为4月下旬至5月上旬,卵期20天,幼虫发生盛期为5月底至6月初,化蛹盛期为8月中下旬,羽化盛期为9月中旬。羽化后的成虫不出土,即在土中越冬。成虫具假死性,当平均温度达20℃以上时,成虫在树上过夜;温度较低时潜入土中过夜。

(3)防治方法　此虫虫源来自多处,尤其以荒地虫量最多,故桃园中应以消灭成虫为主。

①**农业防治**　在成虫发生期,早晨或傍晚人工敲击树干,使成虫落在地上,由于此时温度较低,成虫不易飞,易于集中消灭。

②**化学防治**　主要是地面施药,控制潜土成虫。常用药剂为5%辛硫磷颗粒剂,每667米² 撒施3千克。未腐熟的猪、鸡粪等在施入桃园前须进行高温发酵处理,堆积腐熟时最好每立方米粪加5～7.5千克磷酸氢铵。

15. 怎样防治白星花金龟?

(1)危害症状　成虫啃食成熟的果实,尤其喜食风味甜或酸甜的果实。幼虫为腐食性,一般不危害植物。

(2)发生规律　每年发生1代,以幼虫在土中越冬,5月上旬出现成虫,发生盛期为6～7月份。成虫具有假死性和趋化性,飞行力强,多产卵于粪堆、腐草堆和鸡粪中。幼虫以腐草和粪肥为食。

(3)防治方法

①农业防治　结合秸秆沤肥、翻粪和清除鸡粪等措施,捡拾幼虫和蛹。利用成虫的假死性和趋化性,在清早或傍晚,树下铺塑料布,摇动树体,捕杀成虫。

②物理防治　利用害虫趋光性,在夜晚(最好是漆黑无月)的地头、行间点火,使金龟子向火光集中,火烧灭之。挂糖醋液瓶,诱

集成虫,然后收集杀死。挂糖醋液的时间在发生初期,高度以树冠外围距地 1～1.5 米为好。

16. 怎样防治黑绒金龟?

(1)危害症状 成虫在春末初夏温度高时出现,多于傍晚活动,下午 4 时后开始出土,主要危害桃树叶片及嫩芽,出土早者危害花蕾和正在开放的花。

(2)发生规律 每年发生 1 代,主要以成虫在土中越冬。翌年 4 月份成虫出土,4 月下旬至 6 月中旬进入盛发期,5～7 月份交尾产卵。幼虫危害至 8 月中旬,9 月下旬老熟化蛹,羽化后不出土即越冬。

(3)防治方法

①农业防治 刚定植的幼树,应进行塑料膜套袋,直到成虫危害期过后及时去掉套袋。

②化学防治 地面施药,控制潜土成虫,常用药剂有 5% 辛硫磷颗粒剂,每 667 米^2 撒施 3 千克。使用后及时浅耙,以防光解。

17. 怎样防治桃叶蝉?

(1)危害症状 桃叶蝉是秋季危害桃树的主要害虫。以成虫和若虫在叶片上吸食汁液,使叶片出现失绿白斑点,会引起早期落果、花芽发育不良或二次开花,影响翌年产量。

(2)发生规律 该虫在南京每年发生 4 代,南昌和福州每年发生 6 代。以成虫在落叶、杂草丛中或常绿树上越冬。翌年春桃芽萌发后,又陆续迁回桃树危害,2～3 月间开始产卵(多产于叶背主脉内),4～5 月间出现第一代成虫。在南京地区每年 7～9 月份虫口密度最高,危害最重,常造成大量落叶。成虫喜欢在落叶、树皮缝和杂草中越冬。

(3)防治方法

①农业防治　冬季或早春,刮除树干老翘皮,清除桃园四周落叶及杂草,减少越冬虫源。

②化学防治　在若虫发生高峰期,用 25% 噻嗪酮可湿性粉剂 1 000 倍液,或 25% 马拉硫磷乳油 1 200~1 500 倍液,或 2.5% 溴氰菊酯乳油,或 50% 抗蚜威可湿性粉剂 2 500~3 000 倍液,采用高压喷头喷雾,每隔 7 天喷 1 次,连喷 2~3 次,可收到较好的效果。

18. 怎样防治桃球坚蚧?

(1)危害症状　虫体固着于 2 年生及以上枝条上,初期虫体背面分泌出白色卷发状的蜡丝覆盖虫体,之后虫体背面形成一层白色蜡壳,形成"硬壳"后逐渐进入越冬状态。

(2)发生规律　每年发生 1 代,以二龄若虫在危害枝条原固着处越冬,越冬若虫多包于白色蜡堆里。翌年 3 月上中旬越冬若虫开始活动危害,4 月上旬虫体开始膨大,4 月中旬雌、雄性分化。雌虫体迅速膨大,雄虫体外覆一层蜡质,并在蜡壳内化蛹。4 月下旬至 5 月上旬雄虫羽化与雌虫交尾,5 月上中旬雌虫产卵于母壳下面。5 月中旬至 6 月初卵孵化,若虫自母壳内爬出,多寄生于 2 年生枝条。固着后不久的若虫便自虫体背面分泌出白色卷发状的蜡丝覆盖虫体,6 月中旬后蜡丝经高温作用而熔成蜡堆将若虫包埋,至 9 月份若虫体背面形成一层污白色蜡壳,进入越冬状态。桃球坚蚧的重要天敌是黑缘红瓢虫,雌成虫被取食后,体背一侧具有圆孔,只剩空壳。

(3)防治方法　桃球坚蚧身披蜡质,并有坚硬的介壳,必须抓住两个关键时期,即越冬若虫活动期和卵孵化盛期喷药。

①农业防治　在群体量不大或已错过防治适期,且受害又特别严重的情况下,在春季雌成虫产卵以前,采用人工刮除的方

法防治。

②生物防治　注意保护利用黑缘红瓢虫等天敌。

③化学防治　早春芽萌动期,用石硫合剂均匀喷布枝干,也可用95%机油乳剂50倍液混加5%高效氯氰菊酯乳油1500倍液喷布枝干。6月上旬观察到卵进入孵化盛期时,全树喷布5%高效氯氰菊酯乳油2000倍液,或20%氰戊菊酯乳油3000倍液。

19. 怎样防治桃小蠹?

(1)危害症状　幼虫多选择从衰弱的枝干上蛀入皮层,在韧皮部与木质部间蛀出纵向母坑道,并产卵于母坑道两侧。孵化后的幼虫分别在母坑道两侧横向蛀子坑道,略呈"非"字形,随着虫体增长,坑道弯曲成混乱交错,致使枝干加速死亡。

(2)发生规律　每年发生1代,以幼虫于坑道内越冬。翌春老熟幼虫在坑道端蛀圆筒形蛹室化蛹,羽化后咬圆形羽化孔爬出。6月间成虫出现,交尾、产卵,秋后以幼虫在坑道端越冬。

(3)防治方法　主要采用农业防治措施,加强综合管理。增强树体抗性,可以大大减少此害虫的发生与危害。结合修剪彻底剪除有虫枝和衰弱枝,集中处理效果很好。成虫出树前,田间放置半枯死或整枝剪掉的树枝,诱集成虫产卵,产卵后集中处理。及时在危害部位钩杀幼虫。

20. 怎样防治绿盲蝽?

(1)危害症状　以成虫和若虫通过刺吸式口器吮吸桃幼嫩叶和果实汁液。被害幼叶最初出现细小黑色坏死斑点,叶长大后形成无数孔洞。被害果实表面形成木栓化连片斑点。

(2)发生规律　绿盲蝽在河北省每年发生4代以上,以卵在树皮下及附近浅层土壤中或杂草等处越冬。5月上中旬桃树展叶期开始危害幼叶,在幼果发育初期危害果实,以后主要危害桃树嫩梢和嫩叶;一般不危害硬核期以后的果实和成熟的叶片。绿盲蝽在10月上旬产卵越冬。成虫飞行能力极强,稍受惊动即迅速爬迁。因其个体较小,体色与叶色相近,不容易发现。绿盲蝽成虫多在夜晚或清晨取食危害,通常被发现时已造成严重危害。

(3)防治方法

①人工防治 秋、冬季彻底清除桃园内外杂草及其他植物残体,刮除主干及枝杈处的粗皮,剪除树上的病残枝和枯枝并集中销毁。主要天敌有寄生蜂、草蛉和捕食性蜘蛛等。

②化学防治 3月中旬在树干30~50厘米处缠黏虫胶,阻止绿盲蝽象等害虫上树危害。3月下旬萌芽前喷3~5波美度石硫合剂。桃树萌芽期结合其他害虫防治喷药,以后依各代发生情况进行防治。所选药剂应具内吸、传导、熏蒸和触杀作用。可选用5%氟虫腈,或2%阿维菌素乳油3 000~4 000倍液,或2.5%高效氯氟氰菊酯乳油2 000倍液。

21. 怎样防治黑蝉?

(1)危害症状 雌虫将卵产于嫩梢中,产卵器在被害部位刺出月牙形斑。枝条被害后,很快枯萎,受危害的枝条和叶片随即枯死。

(2)发生规律 每4~5年完成1代,以卵和若虫分别在危害的枯枝和土中越冬。老龄若虫于6月份从土中钻出,沿树干向上爬行,固定其上蜕皮为成虫,静息2~3小时开始爬行或飞行,成虫寿命60~70天。雄虫善鸣。雌虫于7~8月间产卵,选择嫩梢,将产卵器插入皮层内,然后将卵产于其中。枝条被害后,很快枯萎,叶片随即变黄焦枯。当年产的卵在枯枝条内越冬,到翌年6月份孵化,孵化后的幼虫落地入土,吸食幼根汁液,秋末钻入土壤深处越冬。

(3)防治方法 主要采用农业防治措施。

①剪除虫枝 结合修剪，或桃树生长后期至落叶前，发现被害枝条及时剪掉烧毁。

②人工捕捉 6月份老熟若虫出土上树固定时，傍晚到树干上捕捉，效果很好。雨后出土害虫数量最多，也可在桃树基部，围绕主干缠一圈宽约20厘米的塑料薄膜，以阻止若虫上树，便于人工捕捉。

③堆火诱杀 可夜间在桃园空旷地堆柴点火，摇动桃树，成虫即飞来投入火堆烧死。

22. 怎样防治蜗牛？

(1)危害症状 蜗牛取食时用舌面上的尖锐小齿舔食桃树叶片，个体稍大的蜗牛取食后叶面形成缺刻或孔洞，取食果实后形成凹坑状。蜗牛爬行时留下的主要是白色胶质和青色线状粪便，这些痕迹均会影响光合作用和桃果面光泽度。

(2)发生规律 蜗牛成螺多在作物秸秆堆下面或冬季作物的土壤中越冬，幼螺也可在冬季作物根部土壤中越冬。蜗牛在高温、高湿季节繁殖很快。6～9月份，蜗牛的活动最为旺盛，一直到10月下旬开始减少。蜗牛喜欢在阴暗潮湿的环境里生活，有十分明显的昼伏夜出性（阴雨天例外），寻食、交尾及产卵等活动一般都在夜间或阴雨天进行。蜗牛有明显的越冬和越夏习性，在越冬越夏期间，如果温湿度适宜，蜗牛可立即恢复取食活动，如冬季温室中或夏季降雨等环境条件下，蜗牛都能立即恢复其活动。

(3)防治方法

①农业防治

第一，人工诱捕。人为堆置杂草、树叶、石块和菜叶等诱捕物，在晴朗的白天集中捕捉。或用草把捆扎在桃树的主干上，让蜗牛上树时进入草把，晚上取下草把烧掉。

第二，地下防治。结合土壤管理，在蜗牛产卵期或秋冬季，翻耕土壤，使蜗牛卵粒暴露在太阳光下暴晒破裂，或被鸟类啄食，或深翻后埋于20～30厘米深土下，使蜗牛无法出土，大大降低其基数。将园内的乱石翻开或运出。

②化学防治

第一，生石灰防治。晴天的傍晚在树盘下撒施生石灰，蜗牛晚上出来活动因接触石灰而死。

第二，毒饵诱杀。在晴天或阴天的傍晚将蜗牛天敌投放在树盘和主干附近，或梯壁乱石堆中，蜗牛食后即中毒死亡。

第三，喷雾驱杀。早上8时前及下午6时后，用1％～5％食盐溶液，或1％茶籽饼浸出液，或氨水700倍液，或四聚乙醛800～1 000倍液对树盘、树体等喷雾。每隔7～10天喷1次，连喷2～3次。

第四，撒颗粒剂。用8％四聚乙醛颗粒剂或10％多聚乙醛颗粒剂，每667米^{2}用2千克，均匀撒于田间进行防治。

23. 怎样防治桃细菌性穿孔病？

(1)症状 主要危害叶片，也可危害新梢和果实。发病初期叶片上呈半透明水渍状小斑点，扩大后为圆形或不规则形、直径1～5毫米的褐色病斑，边缘有黄绿色晕环，病斑逐渐干枯，周边形成裂缝，仅有一小部分与叶片相连，叶片被害部分脱落后可发现穿孔。新梢受害时，初呈圆形或椭圆形病斑，后凹陷龟裂，严重时新梢枯死。被害果初为褐色水渍状小圆斑，以后扩大为暗褐色稍凹陷的斑块，空气潮湿时产生黄色黏液，干燥时病部发生裂痕。

(2)发病规律 病原细菌在病枝组织内越冬，翌年春随气温上升，潜伏的细菌开始活动，借风雨、露滴及昆虫传播。在降雨频繁、多雾和温暖阴湿的气候条件时病害严重，干旱少雨时发病轻。树势弱、排水和通风不良的桃园发病重；红蜘蛛危害猖獗时，发病重。

在福建泉州地区,台湾甜脆桃3月份开始发病,5月中旬出现第一个发病高峰,夏季高温干旱时该病进展缓慢,至夏末初秋9月上旬遇台风暴雨,特别是连续台风出现的秋雨,又发生该病的后期侵染。另外,树冠郁闭、排水不良和树势衰弱时发病也重。

(3)防治方法

①农业防治

第一,选择抗病品种。有研究报道,中油12号和中油5号抗细菌性穿孔病的能力强于曙光油桃。

第二,园址切忌建在地下水位高的地方或低洼处。土壤黏重和雨水较多时,要筑台田,改土防水。

第三,加强桃园综合管理,增强树势,提高抗病能力。同时,要合理整形修剪,改善通风透光条件。冬夏修剪时,及时剪除病枝、清扫病叶,集中烧毁或深埋。砍除园内混栽的李、杏和樱桃等传染源,因为细菌性穿孔病在这些树种上的感病性很强。

②化学防治 芽膨大前期喷施2~5波美度石硫合剂或1:1:100波尔多液,杀灭越冬病菌。展叶后至发病前喷施70%代森锰锌可湿性粉剂500倍液,或硫酸锌石灰液(硫酸锌0.5千克、消石灰2千克、水120升)1~2次。5~6月份,喷施2~3次65%代森锌可湿性粉剂500倍液加72%硫酸链霉素可溶性粉剂300~400毫克/千克溶液,与80%代森锰锌可湿性粉剂800倍液交替使用。在四川龙泉山脉地区桃产区,5月初和7月初各喷1次72%硫酸链霉素可溶性粉剂3000倍液,或65%代森锌可湿性粉剂300~500倍液防效较好。

24.怎样防治桃疮痂病?

(1)危害症状 主要危害果实,也可危害枝梢和叶片。果实发病初期时出现绿色水渍状小圆斑点,后渐呈暗绿色。本病与细菌性穿孔病很相似,但区别在于病斑有绿色,严重时一个果上可有数十个病斑。病菌侵染仅限于表皮病部木栓化,随果实增大,形成龟裂。病斑多发生于果肩部。幼梢发病,初期为浅褐色椭圆形小点,后由暗绿色变为浅褐色和褐色,严重时小病斑连成大片。叶片发病,叶背出现多角形或不规则的灰绿色病斑,以后两面均为暗绿色,再渐变为褐色至紫褐色。最后病斑脱落,形成穿孔,重者落叶。

(2)发病规律 病菌在 1 年生枝病斑上越冬,翌年春病原孢子以雨水、雾滴、露水为载体,进行传播。一般情况下,早熟品种发病轻,中晚熟品种发病重。病菌发育最适温度为 $20℃ \sim 27℃$,多雨潮湿的天气或黏土地、树冠郁闭的桃园容易发病。

(3)防治方法

①农业防治 加强桃园管理,及时进行夏季修剪,改善通风透光条件,以防止树冠郁闭,降低桃园湿度。桃园铺地膜,可明显减轻发病。果实套袋可以减轻病害发生。冬剪时彻底剪除病枝并烧毁,减少病原。

②化学防治 芽膨大前期喷施2~5波美度石硫合剂。落花后根据天气情况,每 15 天喷施 1 次 70％代森锰锌可湿性粉剂 500 倍液,或 70％甲基硫菌灵可湿性粉剂 800 倍液。几种药交替使用。

25. 怎样防治桃炭疽病?

(1)危害症状 主要危害果实,也可危害叶片和新梢。幼果指头大时即可感病,初为淡褐色小圆点,后随果实膨大呈圆形或椭圆形,颜色变为红褐色,果实中心凹陷。气候潮湿时,在病部长出橘红色小粒点,幼果感病后便停止生长,形成早期落果。气候干燥时,形成僵果残留树上,经冬雪风雨不落。成熟期果实感病,初为淡褐色小病斑,渐扩展成红褐色同心环状,并融合成不规则大斑。病果多数脱落,少数残留在树上。新梢上的病斑呈长椭圆形,绿褐色至暗褐色,稍凹陷,病梢叶片呈上卷状,严重时枝梢枯死。叶片病斑圆形或不规则形,淡褐色,边缘清晰,后期病斑为灰褐色。

(2)发病规律 病菌以菌丝在病枝和病果上越冬。翌年春借风雨和昆虫传播,形成第一次侵染。5月上旬受侵染的幼果开始发病。高湿是发病的主导诱因。花期低温、多雨有利于发病,果实成熟期高温、高湿,以及粗放管理、土壤黏重、排水不良、施氮过多和树冠郁闭的桃园发病严重。油桃比普通桃更易于感染此病。

在福建省泉州地区,台湾甜脆桃炭疽病从3月中上旬谢花后开始发病,危害幼果,4月中下旬为发病盛期,造成幼果大量脱落。在时晴时雨条件下最易感病。在浙江省桐庐县,从4月下旬幼果开始发病,5月份为发病盛期,5月中下旬成熟的油桃易感染炭疽病,6月份成熟的品种不易发病或发病较轻。发病状况与气温和湿度有关,也与地势和品种有关。在温暖、潮湿的环境下,发病较重。在开花及幼果期,遇低温多雨时,有利于炭疽病发生。

(3)防治方法

①农业防治

第一,桃园选址。切忌在低洼和排水不良的黏质土壤建园。尤其是在江河湖海及南方多雨潮湿地区建园,要起垄栽植。

第二,加强栽培管理。多施有机肥和磷、钾肥,适时夏剪,改善树体结构,促进通风透光。及时摘除病果,减少病原。冬剪时彻底剪除病枝、僵果,并集中烧毁或深埋。南方效益较好的品种可以进行果实套袋和避雨栽培。

②化学防治 萌芽前喷2～5波美度石硫合剂。花前喷施70%甲基硫菌灵可湿性粉剂1 500倍液,或50%多菌灵可湿性粉剂600～800倍液,或80%代森锰锌可湿性粉剂800倍液,或1%中生菌素水剂200倍液,每隔10～15天用药1次,连喷3次。药剂最好交替使用。

26. 怎样防治桃褐腐病?

(1)危害症状 果实从幼果到成熟期至贮运期都可发病,但以生长后期和贮运期果实发病较多且重。果实染病后,果面开始出现小的褐色斑点,后迅速扩大为圆形褐色大斑,果肉呈浅褐色,并很快烂透整个果实。同时,病部表面长出质地密集的串珠状灰褐色或灰白色霉丛,初为环纹状,并很快遍及全果。烂果除少数脱落外,大部分干缩成褐色至黑色僵果,经久不落。感病花瓣、柱头初为褐色斑点,渐蔓延至花萼与花柄,长出灰色霉。气候干燥时则萎缩干枯,长留树上不落。嫩叶发病常自叶缘开始,初为暗褐色病斑,并很快扩展至叶柄,叶片如遇霜害,病叶上常具灰色霉层,也不易脱落。枝梢发病多为病花梗,病叶及病果中的菌丝向下蔓延所致,渐形成长圆形溃疡斑。当病斑扩展环绕枝条一周时,枝条即枯死。

(2)发病规律 病菌在僵果和被害枝的病部越冬。翌年春借风雨、昆虫传播,由树体气孔、皮孔、伤口侵入,此为初次侵染。分生孢子萌发产生芽管,侵入柱头、蜜腺,造成花腐,再蔓延到新梢。病果在适宜条件下长出大量分生孢子,引起再侵染。多雨、多雾的潮湿气候有利于发病。

(3)防治方法

①农业防治 结合冬剪彻底清除树上和树下的病枝、病叶和僵果,集中烧毁。冬季深翻树盘,将病菌埋于地下。加强桃园管理,抬高树干高度,搞好夏剪,使树体通风透光。及时防治蟠象、食心虫和桃蛀螟等,减少伤口。

②化学防治 芽膨大期喷 2～5 波美度石硫合剂。花后 10 天至采收前 20 天,喷施 25% 戊唑醇可湿性粉剂 1 500 倍液＋70% 丙森锌可湿性粉剂 700 倍液,或 24% 腈苯唑悬浮剂 2 500 倍液防治,或 70% 代森锰锌可湿性粉剂 600～800 倍液,或 70% 甲基硫菌灵可湿性粉剂 800 倍液,或 50% 多菌灵可湿性粉剂 600～800 倍液。

27. 怎样防治桃树根癌病?

(1)症状 根瘤主要发生于根颈部,也发生于主根和侧根。根瘤通常以根茎和根为轴心,环生和偏生一侧,数目少的1~2个,多则10余个。大小相差较大,大的如核桃或更大,小者如豆粒。有时若干瘤形成一个大瘤。初生瘤光洁,多为乳白色,少数微红色,后渐变为褐色至深褐色,表面粗糙、凹凸不平,内部坚硬。后期为深黄褐色,易脱落,有时有腥臭味。老熟根瘤脱落后,其附近处还可产生新的次生瘤。发病植株表现为地上部生长发育受阻,树势衰弱,叶薄、色黄,严重时死亡。

(2)发病规律 病原细菌存活于癌组织皮层和土壤中,可存活1年以上。传播的主要载体是雨水、灌溉水、地下害虫和线虫等;苗木带菌是远距离传播的主要途径。病菌从嫁接口、虫伤、机械伤及气孔侵入寄主。林、果苗木与蔬菜重茬,果苗与林苗重茬时一般发病重,特别是桃苗与杨苗、林地苗重茬时根瘤发生明显增多。碱性土壤、土壤湿度大、黏性土和排水不良等,有利于侵染和发病。

(3)防治方法

①农业防治

第一,避免重茬。栽种桃树或育苗忌重茬,也不要在原林果园地种植。

第二,嫁接苗木采用芽接法。避免伤口接触土壤,减少传染机会。对碱性土壤应适当施用酸性肥料或增施有机肥和绿肥等,以改变土壤反应,使之不利于发病。

②化学防治

第一,苗木消毒。仔细检查,先去除病、劣苗,然后用K84生物农药(放射性土壤杆菌制剂)30~50倍液浸根3~5分钟,或3%次氯酸钠溶液浸3分钟,或1%硫酸铜溶液浸5分钟后再放到2%石灰液中浸2分钟。以上3种消毒法同样也适于桃核处理。

第二,病瘤处理。在定植后的桃树上发现有瘤时,先用快刀彻底切除根瘤,然后用硫酸铜 100 倍液或 80％乙蒜素乳油 50 倍液消毒切口,再外涂波尔多液保护。

28. 桃园天敌昆虫有哪些?

(1)瓢虫 瓢虫是桃园中主要的捕食性天敌,以成虫和幼虫捕食各种蚜虫、叶螨、介壳虫及低龄鳞翅目幼虫等。瓢虫捕食寄主的范围因种类而异,以捕食寄主蚜虫、叶螨和介壳虫为主。

(2)草蛉 又名草青蛉,幼虫俗名蚜狮,是一类分布广、食量大的重要捕食天敌。草蛉的种类很多,我国常见的有大草蛉、丽草蛉、中华草蛉、叶色草蛉、普通草蛉等。特别是在山地丘陵桃园,草蛉较多。能捕食蚜虫、叶螨、叶蝉、蓟马、介壳虫以及鳞翅目害虫的低龄幼虫和多种卵。

(3)捕食螨 捕食螨又叫肉食螨,是以捕食害螨为主的有益螨类。在捕食螨中以植绥螨的捕食力度最为理想,它捕食凶猛,1 头雌螨能消灭 5 头害螨在 15 天内繁殖的群体,它不仅捕食山楂叶螨、二斑叶螨等害螨,还能捕食一些蚜虫、介壳虫等小型害虫。植绥螨具有发育周期短、捕食范围广、捕食量大等特点。

(4)食虫蝽象 食虫蝽象是指专门吸食害虫卵汁或幼(若)虫体液的蝽象。它与有害蝽象区别如下:有害蝽象有臭味,其喙由头顶下方紧贴头下,直接向体后伸出,不呈钩状。而食虫蝽象大多无臭味,喙坚硬如锥,基部向前延伸,弯曲或呈钩状,不紧贴头下。

(5)食蚜蝇 食蚜蝇是桃树害虫的重要天敌,以捕食蚜虫为主,也可捕食叶蝉、介壳虫、蛾类害虫的卵和初龄幼虫。它的成虫很像蜜蜂,但腹部背面大多有黄色横带,喜欢取食花粉和花蜜。

(6)蜘蛛 农田蜘蛛不仅种类多,而且种群数量大,是抑制害虫种群的重要天敌类群。80％左右的蜘蛛生活在桃园中,是害虫的主要天敌。

(7)螳螂　螳螂是多种害虫的天敌,具有分布广、捕食期长、食虫范围广、繁殖力强等特点,在植被多样化的桃园中数量较多。其种类在我国约有 50 多种。常见的有中华螳螂、广腹螳螂、薄翅螳螂。螳螂每年发生 1 代,以卵在枝条上越冬。

29. 桃树上的寄生性天敌有哪些?

(1)寄生性昆虫　寄生性昆虫,数量最多的是寄生蜂和寄生蝇。其特点是以雌成虫产卵于寄主(昆虫或害虫)体内或体外,以幼虫取食寄主的体液摄取营养,直到将寄主体液吸干死亡。而它的成虫则以花粉、花蜜等为食或不取食。常见的寄生性昆虫有如下几种。

①赤眼蜂　是一种寄生在害虫卵内的寄生蜂,体型很小,眼睛鲜红色,故名赤眼蜂。赤眼蜂是一种广寄生天敌昆虫,它能寄生于400 余种昆虫卵,尤其喜欢寄生鳞翅目昆虫卵,如梨小食心虫、刺蛾等,是桃园中的一种重要天敌。赤眼蜂的种类很多,常见的有松毛虫赤眼蜂、螟黄赤眼蜂、舟蛾赤眼蜂和毒蛾赤眼蜂等。

②蚜茧蜂　是一种寄生在蚜虫体内的重要天敌。被寄生致死的蚜虫变为黄褐色,虫体僵硬、鼓胀,称僵蚜。桃园常见的种类有桃蚜茧蜂,寄主为桃蚜。蚜茧蜂尤其喜寄生于二至三龄的若蚜。每头雌蜂产卵量为数十粒至数百粒。

③寄生蝇　是桃园害虫幼虫和蛹期的主要天敌。与苍蝇的主要区别是身上有很多刚毛。种类有很多,在桃树上常见的有卷叶蛾赛寄蝇(寄主梨小食心虫)。每年发生 3~4 代,以蛹越冬。

④姬蜂和茧蜂　可寄生于多种害虫的幼虫和蛹。在桃树上主要有梨小食心虫白茧蜂和花斑马尾姬蜂。前者寄生于梨小食心虫,后者寄生于天牛。梨小食心虫白茧蜂每年发生 4~5 代,该蜂产卵于寄主卵内,在寄主幼虫体内孵化为幼蜂并取食发育,待寄主幼虫老熟时死亡。

（2）**昆虫病原微生物**　在自然界中,有一些病原微生物,如细菌、真菌、病毒、线虫等,在条件合适时能引发流行病,致使害虫大量死亡,主要有苏云金杆菌、白僵菌、白僵菌制剂和线虫等。

30. 怎样保护和利用桃园害虫天敌？

自然界中的生物都是相互制约、相互依存的平衡关系,如长期不合理使用农药或植被单一化,即会使害虫的天敌数量锐减,桃园内平衡关系被人为打破,导致害虫猖獗。为此,必须采取积极有效措施保护天敌,充分发挥其自然控制作用。

（1）**改善桃园生态环境**　生物多样性是促进天敌丰富的基础。因此,桃园周围应种植防护林,园内栽培蜜源植物,桃树行间种植牧草或间作油菜、花生等,这样的桃园符合生物多样性的要求,其害虫的天敌种类和数量就会多。在桃园种植紫花苜蓿等覆盖植物,可为天敌提供猎物和活动、繁殖的良好场所,增强对蚜、螨等害虫的自然控制能力。保护好桃园周围的麦田天敌,对控制桃树上的蚜虫也有明显效果。另外,在桃园内种植开花期较长的植物,可吸引寄生蜂、寄生蝇、食蚜蝇、草蛉等飞到桃园取食、定居和繁殖。

（2）**配合农业措施,直接保护害虫天敌**　冬季或早春刮树皮是防治山楂叶螨、二斑叶螨、梨小食心虫、卷叶蛾等害虫的有效措施,但是六点蓟马、小花蝽、捕食螨、食螨瓢虫以及多种寄生蜂均在树皮裂缝或树穴等处越冬。为了达到既消灭害虫,又保护天敌的目的,刮树皮时可采用上刮下不刮的办法;或改冬天为春季桃树开花前刮,这时大多数天敌已出蛰活动。如刮治时间较早,可将刮下来的树皮放在粗纱网内,等到天敌出蛰后再将树皮烧掉。

（3）**使用选择性杀虫剂**　农药是防治桃树病虫害必须采取的措施,但是它对天敌的杀伤力轻重不一,因此要选择高效、低毒且对天敌的杀伤力较小的农药品种,并要改进喷药技术,以协调防治病虫和保护天敌的矛盾。一般来说,生物源农药对天敌杀伤轻,化学源农药杀伤天敌重。

另外,还可以通过人工繁殖释放害虫天敌,引进或移植害虫天敌。

(二)疑难问题

1. 南方桃树病虫害发生有什么特点?

与北方相比,南方桃树病虫害有如下特点。

(1)病害种类多 南方桃产区病害有桃缩叶病、桃褐腐病、疮痂病、桃流胶病、桃炭疽病、桃根癌病、桃细菌性穿孔病和桃腐烂病等。北方仅在雨水多时有桃褐腐病和疮痂病等发生。北方桃园很少有桃缩叶病和桃白锈病等发生。

(2)发病时间较长,发生程度重 由于雨水较多,持续时间较长,病害发生时间较长,发生程度重。尤其是果实病害(桃炭疽病、桃褐腐病和疮痂病)和主干病害(流胶病)发生严重程度远远超过北方桃产区。

(3)早熟品种也有炭疽病、桃疮痂病和褐腐病等 在南方桃产区,早熟品种雨花露常见果实病害有炭疽病和褐腐病,4~5月份为炭疽病高发期,雨后1~2天即暴发。早熟品种春美桃果实也感染疮痂病和褐腐病。在北方早熟桃基本上没有病害发生。

(4)油桃易感染炭疽病 在南方桃产区,油桃与其他类型桃相比,果实易感染炭疽病。在南方桃产区,瑞光22、23号果实果顶先熟,果面开裂后易感染炭疽病。

(5)油桃果实易受蜗牛危害 南方地区雨水较多,蜗牛容易上树危害果实。

2. 为什么要强调病虫害农业防治技术？可以分为哪两类？

农业防治是综合防治的基础。可以通过一系列的栽培管理技术，或人工方法，或改变病虫害发生的有利环境条件，或直接消灭病虫害，都对控制病虫害有着重要的作用，并能取得化学农药所不及的效果，同时这也是生产无公害果品的简单有效办法。

病虫害农业防治技术可以分为土壤管理和地上管理两大类。

3. 病虫害农业防治技术中的土壤类管理措施有哪些？

(1)刨树盘 刨树盘就是把土中越冬的害虫翻于地表，这样可起到疏松土壤和促进桃树根系生长的作用。

(2)加强地下管理 改大水漫灌为畦灌，注意雨季排水，防止因漫灌传播病害。多施有机肥，壮树壮根，改良土壤结构，增加贮藏营养水平。

(3)增加桃园植被，改善桃园生态环境

①桃园生草 这是一种先进的桃树管理方式。桃园种植白三叶草、紫花苜蓿以后，天敌出现高峰期明显提前，而且数量增多。

②种植驱虫作物 在桃树行间栽种大葱等，利用其特殊气味驱除红蜘蛛。大蒜驱除蚜虫，蓖麻可使金龟子逃之夭夭。

③种植诱杀害虫作物 如向日葵，选择矮秆、开花早的向日葵品种。在幼虫危害期，用铁丝把桃蛀螟幼虫杀死。间作高粱能引诱蜘蛛、瓢虫、食蚜蝇等大量天敌。

(4)清扫枯枝落叶 通常在桃树落叶后进行，可消灭在叶片越冬的病虫，如桃潜叶蛾等。结合冬季修剪，消灭在枝干上越冬的病虫，如桑白蚧、桃疮痂病、桃炭疽病和细菌性穿孔病。不用带病菌的树枝作支棍；注意剪除干桩、干橛。

4. 病虫害农业防治技术中的地上类管理措施有哪些?

(1)合理负载　合理负载可保持健壮的树势,提高树体抗病能力。

(2)适时适度修剪　合理修剪可调节光照,防止树冠郁闭,使之不利于病菌的侵染。同时,注意少造成伤口,有伤口时应多加保护。

(3)刮除树皮　据调查,很多桃树害虫的天敌是在树干翘皮内越冬的。天敌越冬后开始活动的时间一般早于害虫,因此为了在消灭害虫的同时保护天敌,刮皮的适宜时间应掌握在天敌已能爬动逃生而害虫尚未出蛰时进行。准确刮除部位应是主干和主枝中部以下的粗翘皮,而且重点是主枝。在要刮的树下铺盖塑料布或报纸,以便于收集粗翘皮。

(4)及时剪除危害部位　第一、第二代梨小食心虫发生期,正是新梢生长期,发现有桃梢萎蔫时,及时剪除。对局部发生的桃瘤蚜危害梢以及黑蝉产卵枯死梢也应及时剪除,并烧掉。及时剪除苹小卷叶蛾危害的虫梢。

(5)树干绑缚草绳,诱杀多种害虫　有些害虫喜在主干翘皮中越冬,利用这一习性,8月下旬至9月中旬,在主干分枝以下绑缚诱虫带或3～5圈松散的草绳,可诱集到大量害虫如梨小食心虫、山楂叶螨雌成虫等。

(6)人工捕虫与钩杀　许多害虫有群集和假死的习性。如多种金龟子有假死性和群集危害特点,茶翅蝽有群集越冬的习性,桃红颈天牛成虫有在枝干静息的习性,可以利用害虫的这些习性进行人工捕捉。对于危害树干的红颈天牛和绿吉丁虫幼虫,可以及时钩杀。

(7)选择无病虫苗木　去除有病虫的苗木并烧毁,尤其是有根癌病的苗木。

5. 病虫害物理防治有哪些具体内容？

物理防治是根据害虫的习性所采取的机械方法防治害虫。

（1）**振频式杀虫灯诱杀**　用杀虫灯作光源，在灯管下接一个水盆或一个大广口瓶，瓶中放些毒药，以杀死掉进的害虫。此法可诱杀许多害虫，如桃蛀螟、卷叶蛾等。

（2）**糖醋液诱杀**　许多成虫对糖醋液有趋性，因此可利用该习性进行诱杀，如梨小食心虫、卷叶蛾、桃蛀螟、红颈天牛、金龟子等。将糖醋液盛在水碗或水罐内即制成诱捕器，将其挂在树上，每天或隔天清除死虫，并补足糖醋液。

（3）**性外激素诱杀**　昆虫性外激素是由雌成虫分泌的用以招引雄成虫前来交尾的一类化学物质。桃树涂上性外激素可诱杀梨小食心虫、桃潜叶蛾、桃蛀螟等。

6. 如何利用自然天敌控制害虫危害？

桃园中害虫天敌主要是捕食性瓢虫、草蛉、蓟马、食蚜蝇、捕食螨、小花蝽、蜘蛛类、鸟类等。保护天敌可恢复桃园中的生态平衡，达到持续控制害虫的目的。这些天敌在喷药较少的桃园控制害虫的效果非常显著。保护天敌最有效的措施是减少喷施农药，尤其是高毒农药。

（1）**保护桃园内的植物多样性**　这样不但增加了天敌的栖息环境，更由于园内昆虫（大多为中性昆虫）多样性的增加，保证了天敌在桃园内生活繁衍的生态环境，增加了天敌在园内的生活时间和种群数量。

（2）**桃园种草**　在桃树行间种植有益草种，草上的害虫也为天敌的生存提供了良好的食物来源。

(3)清园灭虫 在秋、冬季节结合清洁田园,可将有虫的残枝落叶置于网袋内保护寄生蜂。另外,在某些情况下可将刮树皮等作业推至早春桃树萌芽前进行,以便利用有些天敌先于害虫活动的特点进行保护。

(4)利用天敌灭虫 在桃树生长前期(6月份以前)尽量少喷或不喷施广谱性杀虫剂。在桃树生长前期,以小花蝽、草蛉、瓢虫、蓟马、蜘蛛等捕食性天敌为多。7月份以后,捕食螨即成为桃园的主要天敌类群。

(5)科学用药 尽量用选择性或低毒的农药品种,在施用时注意采用对天敌和环境影响较小的方法,如对靶喷药、点片用药等。

7. 化学防治中怎样做既可以提高防治效果,又可以生产无公害果品?

(1)交替用药 防治病虫不要长期单一使用同一种农药,应尽量选用作用机制不同的几个农药品种,如杀虫剂中的拟除虫菊酯、氨基甲酸酯、昆虫生长调节剂以及生物农药等几大类农药,交替使用,也可在同一类农药中不同品种间交替使用。内吸性、非内吸性和农用抗生素类杀菌剂交替使用,也可明显延缓病虫抗药性的产生。

(2)混用农药 将两2～3种不同作用方式和机制的农药混用,可延缓病虫抗药性的产生和发展速度。农药能否混用,必须符合下列原则:要有明显的增效作用;对植物不能发生药害,对人、畜的毒性不能超过单剂;能扩大防治对象;降低成本。混配农药也不能长期使用,否则同样会产生抗药性。

(3)重视桃树发芽期的化学防治 桃树萌芽期,在树体上越冬的大部分害虫已经出蛰,并上芽危害。此时喷药有以下优点:一是大部分害虫都暴露在外面,又无叶片遮挡,容易接触药剂。二是经过冬眠的害虫,体内的大部分营养已被消耗,虫体对药剂的抵抗力明显降低,触药后易中毒死亡。三是天敌数量较少,喷药不影响其种群繁殖。四是省药、省工。

(4)桃树生长前期不用或少用化学农药　桃树生长前期(6月份以前)是害虫发生初期,也是天敌数量增殖期。在这个时期喷施广谱性杀虫剂,既消灭了害虫,又消灭了天敌,而且消灭害虫的比率远远小于天敌,从而导致天敌一蹶不振,其种群在桃树生长期难以恢复。

(5)推广使用生物杀虫剂和特异性杀虫剂　目前,我国在桃树害虫防治上用得较多的生物杀虫剂主要有阿维菌素、华光霉素、浏阳霉素、苏云金杆菌和白僵菌等。

(6)选择低毒化学农药,并严格使用次数　低毒化学农药包括:吡虫啉、阿维菌素、辛硫磷、氯氰菊酯、毒死蜱、高效氯氰菊酯、甲氰菊酯、顺式氰戊菊酯、哒螨灵等。并严格使用次数。

8. 为什么要综合运用各种防治方法才能取得较好的防治效果?

在进行无公害防治时,要综合利用各种防治方法。因为一种害虫有不同的虫态,它们的生活习性和生存环境可能大不相同,单靠一种方法往往不能控制害虫发生。在生产上,需要防治的主要害虫也不是一种,而是几种。因此,在制定防治方案时,要认真分析各种害虫的共性和个性,根据其生活习性、危害特点、危害时期来决定采取哪些防治措施。在一个桃园中具体用哪些方法,要根据需要而定,也不是把所有的方法都用上。

9. 怎样用信息素法进行害虫的预报?

多种害虫性成熟后,雌成虫通过释放性信息素作为传递信息,吸引雄虫进行交尾。信息素法就是利用人工合成的害虫性信息素来诱捕害虫雄虫,记录每天诱捕的虫数,观察发生高峰期,结合天气信息,预测幼虫产卵和孵化时间,指导害虫防治。此法适用的桃树害虫有:梨小食心虫、桃小食心虫和桃潜叶蛾等。

(1)诱捕器的种类 诱捕器的种类很多,目前使用的诱捕器主要通过两种方式将诱集到的成虫杀死。一种是在诱捕器上涂黏胶诱杀,将黏性好、不易干的黏胶涂在硬纸板或塑料板上,制成诱捕器,如船形、三角形等诱捕器,使用方便,但费用较高。另一种诱捕器可以使用水盆、瓷碗、桶等,其中加入足量水,将虫子引诱到水中将其杀死,此类型材料易得,费用少,效果好,但是不如黏胶诱捕器方便,且需要经常补充蒸发的水。

(2)诱捕器的制作方法

①三角形诱捕器的制作 可用厚 0.1 厘米的纸板,制成长 50 厘米、宽 28 厘米长方形的纸板,再把长边两边折起 15 厘米,底宽 20 厘米,并在顶部两侧打两个对应小孔,合起两侧,用细铁丝(直径 1 毫米)穿入两侧的小孔,固定好顶部,做成等腰三角形。三角形内部底面涂胶,或放入涂好胶的胶板。诱芯从中缝挂入,底缘离胶面 1~2 厘米为宜。诱捕器悬挂高度为 1.3~1.5 米。

②水盆诱捕器的制作 选择直径 20 厘米的水盆,用一细铁丝穿一个诱芯,悬置于水盆中央,并固定好,水盆内加入水,使水面距诱芯底缘 1~1.5 厘米,并加入 2%~5%洗衣粉。诱捕器悬挂高度为 1.5 米。为防止水盆摇晃,可以制作一个 1.5 米高的支架,并将水盆固定在支架上。

(3)诱捕器放置时间、数量 应在害虫的越冬代成虫羽化开始前放置。例如,河北省石家庄市捕捉梨小食心虫时,一般在 3 月中下旬放置诱捕器。诱捕器数量根据桃园面积而定,面积越大,放置数量越多。诱捕器一般应在园内均匀放置,间距为 50 米(诱芯的有效范围)。

10. 桃树主干冻害后，为什么会加重红颈天牛的危害？

桃树冻害多在主干处，冻害后的树体易形成伤口，发生腐烂。腐烂后的被害处产生一种特殊的酒糟气味，它吸引红颈天牛成虫前来产卵。

11. 为什么说红颈天牛是桃园最主要的毁灭性害虫？

危害桃树果实和叶片的病虫害均不会导致整株树死亡，危害桃树小枝的病虫害也不会使树死亡，只有危害桃树骨干枝尤其是主干的病虫害才可使桃树死亡。目前，危害骨干枝的有：红颈天牛、桃绿吉丁虫和桃小蠹。但其中危害最重的为红颈天牛，在危害重的桃园中，如发现后不及时防治，3～5年生桃树便会出现大量死亡现象，导致桃园残缺不全，重者可达到毁园的地步。

12. 怎样正确使用农药，才能取得较好的防治效果？

(1)**严格按产品使用说明使用**　注意农药浓度、适用条件(水的 pH 值、温度、光照等)、防治对象、残效期及安全使用间隔期等。

(2)**保证农药喷施质量**　一般情况下，在清晨至上午 10 时和下午 4 时至傍晚用药，可在树体内保留较长的农药作用时间，对人和作物较为安全；而在气温较高的中午用药则易产生药害和人员中毒现象，且农药挥发速度快，杀病虫时间缩短。喷药还要做到细致、周到和均匀，特别是叶片背面、果面等易受病、虫危害的部位。桃树要里外打透，上下不漏。对于叶幕较厚、枝叶量大者，要先进行适度修剪。

(3)**适时用药**　结合病虫害预测预报，做到适时用药，这是提高防治效果、减少用药次数的关键。了解病虫害的发生和危害规律是做到适时用药的先决条件之一。在病害防治上，一定要加强预防为主的理念,而治病目的主要是防止病害再侵染。用药一定要在症状显现之前。总之,应根据每一类病虫害发生和危害的特点,确定最佳的用药时期,以最少的用药次数和用药量,将病虫害控制在最低的危害水平。

(4)提倡交替使用农药 同一生长季节单纯或多次使用同种或同类农药时,病虫抗药性明显提高,从而降低防治效果。因此,必须交替使用农药,以延长农药使用寿命和提高防治效果,减轻污染程度。

(5)严格执行安全用药标准 无公害果品采收前 20 天停止用药,个别易分解的农药可在此期间谨慎使用,但要保证国家残留量标准的实施。对喷施农药后的器械、空药瓶或剩余药液及作业防护用品要注意安全存放和处理,以防新的污染。

13. 在病虫害防治中应注意哪些问题?

第一,坚持"以防为主",尤其是病害更应如此。要治早,在一年中治早,在虫子发生期时也要治早。不要等到害虫大发生了,尤其是已造成严重危害后再去治。

第二,强化农业防治、物理防治和生物防治,淡化化学防治。尽量应用生物杀虫剂,应用植物源和矿物源农药。

第三,防治时期比用药种类和次数更重要。加强病虫害预测预报。掌握病虫害发生规律,在防治关键时期进行化学防治。

第四,喷药一定要细致、周到、均匀。

第五,专用一个笔记本,用于记录每年桃园病虫害的发生规律、喷药种类、浓度、时期及防治效果,每年可以进行对比。

14. 在桃树上不得使用和限制使用的农药有哪些?

甲胺磷、甲基对硫磷(甲基 1605)、对硫磷(1605)、久效磷、磷胺、甲拌磷(3911)、甲基异柳磷、特丁硫磷、甲基硫环磷、治螟磷、内吸磷、克百威(呋喃丹)、涕灭威、灭线磷、硫环磷、蝇毒磷、地虫硫磷、氯唑磷、苯线磷等。

15. 桃园清理要做哪些事?

(1)结合冬季修剪,剪除在枝干上越冬的病虫枝 如桑白蚧、桃疮痂病、桃褐腐病、桃炭疽病、细菌性穿孔病,以及枯枝、僵果和虫茧,彻底清除残留在树枝上的果袋、扎草、吊枝用的棍棒、绳索,将它们和桃树周围的落叶、杂草,一并集中烧毁,以消灭害虫越冬态和病菌孢子。

(2)清扫枯枝落叶 在桃树落叶后,及时清扫桃园内枯枝落叶,消灭在枝条和叶片中越冬的病虫,如桃潜叶蛾等。注意剪除干桩、干橛。

(3)树干涂白 树干涂白可以减少日灼和冻害,延迟桃树的萌芽和开花,避免晚霜危害,还可兼治树干病虫害,杀死在树皮缝中的越冬害虫。涂白剂要稠稀适当,以便涂时不流失,干后不翘、不脱落为宜。用 50 升水加 15 千克石灰、1 千克硫磺、0.1 千克凝固油和 0.25 千克面粉,混合煮成涂白剂将主干涂白。

(4)翻树盘 通过翻树盘,把在土壤中越冬的害虫翻于地表冻死,如桃小食心虫、梨小食心虫等。一般翻园的深度为 30~40 厘米,时间越接近土壤封冻,效果越好。

16. 桃树怎样刮树皮更科学?

随着桃树树龄的增加,桃树的主干和主枝的树皮部会形成一些裂缝,进而成为翘皮。裂缝和翘皮是许多病虫的越冬场所。因此,刮除老皮,集中烧毁,可以消灭病虫。

(1)树体选择 刮皮主要是针对 6 年生以上的有粗老翘皮的树。

(2)刮皮时期　如前所述,刮皮的最佳时期应掌握在早春天敌已能爬动转移而害虫尚未出蛰时进行,一般应在3月上旬左右较为适宜。

(3)刮皮部位　主要是主干及主枝中部以下部位的粗、翘树皮。

(4)刮皮深浅程度　刮皮深浅要根据皮层厚薄和树龄来决定,一般要掌握"小树弱树宜轻,大树壮树宜重,露红不露白"的原则。总之,要提高刮皮质量,把粗老翘皮刮去,刮得表面光滑无缝,不留毛茬,以达到铲除害虫和病斑的效果。切忌过深伤及嫩皮和木质部。可用撬皮或擦刷树皮的方法进行。

(5)保护益虫(天敌)安全越冬　为充分发挥自然天敌对害虫的控制作用,要注意保护好螳螂、大蜘蛛等益虫的卵块。例如,螳螂的卵块粗糙坚硬,牢固黏附在树杈拐弯处,刮皮时不要损伤它们。对其他天敌也要加以保护,改变过去把刮下来有天敌和害虫的粗翘皮一起烧毁的做法。刮皮时要先在树干周围地下铺塑料布等物,把刮下来的粗老翘皮和虫卵、幼虫、蛹等集中起来带回室内,把天敌(如小花蝽、捕食螨、六星蓟马、小黑瓢虫和多种寄生蜂等)及害虫分别清理,集中装在养虫笼或其他容器内,待春季幼虫出蛰时再将所收集的天敌放回桃园,而让害虫自然死去,然后把剩下的树皮烧掉。

(6)刮皮的具体方法　用2米宽幅的布(塑料布也可),截成2米长(如是1米宽幅的就用两块缝合在一起),做成4米^{2}面积的铺布。从其中一面中间用剪子直剪到中心处,并在此处剪一圆形孔洞。如果是布类,要求其锁边耐用。进行刮治时把树干边际围起来,刮毕,提起铺布将皮与腐朽物收集在水桶等容器里。用此法比刮在地上再扫起来既省工省事,虫、卵、病菌又不会漏掉。

17. 配制农药应注意什么？

第一，配药人员必须具有一定的农药知识，熟悉农药性能，并能正确称量农药。

第二，配药前应认真阅读使用说明，了解用量、混配说明和需用喷药器械。

第三，开启农药包装以及称量、配药时，工作人员应戴口罩、橡皮手套等，进行必要的保护。

第四，农药称量、配制应根据药剂性质和用量进行。易与水混合的高浓度制剂，量取后直接倒入喷雾器贮液罐中，然后分批加水。可湿性粉剂最好先与少量水预先混合成糊状，再将其倒入喷雾器贮液罐内，然后加水稀释至所需浓度。可直接使用的粉剂和颗粒剂打开包装后，用手撒，或用喷粉器，或撒播器施药。

第五，称量和配制粉剂和可湿性粉剂时要小心，否则，易造成粉尘飞扬，吸入身体内。口袋开口处应尽量接近水面，操作者应站在上风处，让粉尘和飞扬物随风吹走。

第六，喷雾器不要装得太满，以免药液泄溢。一般不超过喷雾器贮液罐的 3/4。当天配好的药液当天用完，不要多配。

第七，配制农药，应远离住宅区、牲畜棚和水源的地方，孕妇、哺乳妇女和儿童不能参与配药。

第八，请勿以手代勺，搅拌时切勿将手掌及手臂浸入药液中。

18. 喷药时应注意什么？

第一，不宜喷药的人群。身体虚弱、有病、年老者、怀孕期和哺乳期的妇女、未成年人，不要参与喷药的工作。

第二，操作地点要远离住宅、禽畜厩舍、菜园和饮水水源。

第三，喷药时，要按规定操作，穿好长袖、长裤和长靴，戴帽子、乳胶手套和口罩,避免药液溅到身上或农药气体被人吸入。喷药时要站在上风头倒退着喷洒。

第四,操作过程中不吸烟、不吃东西、不喝水,不用污染的手擦脸和眼睛。

第五,工作之后要用肥皂洗澡,换衣服。污染的衣服要用5‰碱水浸泡1~2小时再洗净。剩下的少量药液和洗刷用具的污水要深埋到地下。

19. 怎样预防桃树主干或主枝冻害?

(1)选育抗寒品种　这是防治冻害最根本而有效的途径,可从根本上提高桃树的抗寒力。抗寒性较差的品种有中华寿桃、21世纪等。

(2)因地制宜,适地适栽　各地应严格选择当地主要发展品种。在气候条件较差、易受冻害的地方,可利用良好的小气候,将果树适当集中。新引进的品种必须先进行试栽。

(3)抗寒栽培　利用抗寒力强的砧木进行高接建园可以减轻桃树的冻害,一般嫁接高度大于1.2米以上。在幼树期,应采取有效措施,使枝条及时停长,加强越冬锻炼。结果树必须合理负荷,避免因结果过多,而使树势衰弱,降低抗冻能力。在年周期管理中,应本着促进前期生长,后期适度干旱控制生长,多积累养分,接受抗寒锻炼,及时进入休眠的原则进行管理。

(4)加强树体的越冬保护　幼树整株培土,大树主干培土。其他如覆盖、设风障、包草和涂白等都有一定效果。

20. 怎样预防雹灾的发生?

我国各地均有冰雹发生,山区和平原都有发生,有的地区为周期性发生。我国北方的山区与半山区,在6~7月份,容易发生冰雹,这个时期早熟品种正开始成熟,中晚熟品种还处在幼果期,冰雹袭击时轻则伤害叶片和新梢,幼果果面出现冰雹击伤的痕迹。如果冰雹个大且密,就会砸掉叶片,砸断枝条,打烂树皮和幼果,严重者绝收;即使是轻伤,果实能够成熟,外观伤痕累累,也会严重影响其经济价值。

主要预防措施:消除雹灾的根本途径在于大面积绿化造林,改造小气候。在建园时,要注意选择地点,避开经常发生和周期性发生冰雹的地区。近年来,我国人工消雹工作已取得可喜成绩,利用火箭炮等消雹工具,可化雹为雨,减轻危害。

21. 雹灾后的桃园管理措施有哪些?

(1)清理落枝、落叶和落果 雹灾后,桃园中残留大量落枝、落果和落叶,是各种病菌滋生蔓延的病源和载体。要全面清除落枝、落果和落叶,落枝要清理出园,落果和叶要挖坑深埋。及时摘除雹伤果,保留未受伤或受伤较轻的果实。另外,一般冰雹天气常伴有大风,对于树体扭转或倒伏的要将树体扶直培土。

(2)及时修剪 对击伤较重的树皮伤口,应及时将毛茬削平,缩小伤口面积。剪截破伤枝条。对部分枝条进行短截和回缩,一方面可以减少养分的消耗,另一方面可以促发新枝,作为翌年的主要结果枝。修剪应较常规夏剪轻些。

(3)加强病虫防治 在天气好的情况下,可选择下列药剂喷雾:80%甲基硫菌灵可湿性粉剂 1 500 倍液,或 65%代森锌可湿性粉剂 500 倍液,或 50%多菌灵可湿性粉剂 800~1 000 倍液、农用抗生素等,防控因伤口带来的真菌性和细菌性病害。如雹灾发生较重,可以间隔 7~10 天再喷 1 次。喷施 0.5%腐殖酸钠溶液,可有效促进愈合、刺激生长和减少病菌。

(4)肥水管理 有积水时要及时排水。叶片、枝条被冰雹砸伤后,不仅影响养分制造,而且伤口愈合需要大量营养,因而灾后要及时补充速效肥料。可叶面喷施 0.3%尿素,或 0.3%磷酸二氢钾溶液 2～3 次。

(5)疏松土壤 冰雹伴随着强降雨,雹后土壤透气性差,地温偏低,根系生长受到影响。因而,要及时中耕松土,增加土壤的透气性。

22. 桃树枝干日灼与哪些因素有关？防治枝干日灼有哪些措施？

桃树的骨干枝直接暴露在阳光直射下,组织坏死即可发生日灼。

(1)影响日灼因素

①土壤 土壤干旱和保水不良的沙土地容易发生日灼,而壤土、黏壤土和黏土发生日灼较少。地下水位高和根系浅的桃园也易发生日灼。

②树形及主枝的方向和角度 调查表明,杯状形整枝日灼发病率低,而开心形整枝日灼发生率高。日灼发生的时间多在下午,朝向东部、北部及东北方向的主枝易发生日灼。角度大的比角度小的主枝易发生日灼,粗枝比细枝容易发生日灼。

③树龄与树势 树龄越大发生日灼的概率越高,尤其是在负载量过大,且树势衰弱的情况下,发生日灼的概率增加。

④季节 生长季发生日灼主要在 6 月份,因为我国北方 4～6 月份气候仍然处于干燥少雨的季节,这时桃树的枝叶对主枝的覆盖还不完全,这时易发生枝干日灼。

(2)防治桃树树干日灼措施 对于三主枝或二主枝开心形的树体,由于对朝向东、东北和北面的主枝背上枝条修剪过重,会导致主枝日灼。可以采取以下措施。

①控制桃树主枝角度不宜过大,一般在 60°左右。

②在干燥缺雨季节,夏季修剪时在背上可以适应多留新梢,增

加遮光,减少阳光直射,降低树体温度。

③增强树势,加强土壤管理。如增施有机肥料。沙土地还可以覆盖树盘,使树体组织充实,提高抗日灼的能力。

对主枝发生日灼处,要进行保护,防止病虫害发生,要用纸箱覆盖日灼部位,如此时负载能力下降,下面要用竹或木棍支撑主枝,防止从日灼部位被压断。

23. 怎样防止桃果实发生日灼?

在7~8月份,正值果实成熟时,如果修剪过重,果实大面积接受阳光直射,极易发生果实日灼。桃果实日灼的防御措施如下。

(1)合理夏季修剪 桃树整形修剪与日灼病发生有关系,对发生在生长季的日灼病可以用夏季修剪来解决,如在干燥缺雨的6月份,夏季修剪时可以多留新梢,多遮光,减少阳光直射。在果实着色期,夏季修剪不宜过重。

(2)果实套袋 果实套袋不仅可以防止害虫蛀果,提高果实品质,还可以降低果温,防止日灼。

(3)加强土壤管理,增强树势 增施有机肥料,沙土地还可以覆盖树盘,使树体组织充实,提高抗日灼的能力。

七、果实成熟、采收、包装

（一）关键技术

1. 桃果实适宜采收期如何确定？

桃果实适宜采收期要根据品种特性、用途、市场远近、运输和贮藏条件等因素来确定。

(1)品种特性 有的品种可以在树上充分成熟后再采收，不用提前采收。如有明、早熟有明、美锦等。有的品种如在树上充分成熟后果实硬度下降，果实变软，需要提前采收，如大久保、雪雨露等。溶质桃宜适当早采收，尤其是软溶的品种。

(2)用途 加工用的桃，应在 8 成熟采收。

(3)市场远近 一般距市场较近的，宜在八九成熟时采收。距市场远，需长途运输，可在七八成熟时采收。

(4)贮藏 供贮藏用的桃，应采收早一些，一般在七八成熟时采收。

2. 怎样合理进行果实采收？

首先要根据估计产量，安排和准备好采收所需各种人力、设施、工具及场地等。

因为桃果实硬度低，采收时易划伤果皮，所以采摘人员应戴好手套或剪短指甲。采果顺序应从外到内，由下到上。采收时要轻采轻放,不能用手指用力捏果实,而应用手托住果实微微扭转,顺果枝侧上方摘下,以免碰伤。对果柄短、梗洼深、果肩高的品种,摘时不能扭转,而是全手掌轻握果实,顺枝向下摘取。蟠桃底部果柄处易撕裂,采时尤其要注意。此外,最好带果柄采收。对于充分成熟的软溶质水蜜桃,皮薄肉软,可以带袋采收,先用手托住套袋的桃果,再将桃子向枝条一侧轻轻一扳,即可连套袋一起摘下。整个采摘过程中,动作要轻,以防桃果表面出现机械损伤。采果不宜在下雨或露水未干时进行,否则果面易引起腐烂,一般宜在晴天晨露已干后采收为好。

若果实在树上成熟不一致时,要分批采收。采果的篮子不宜过大,篮子内垫以海绵或麻袋片。

3. 桃果实怎样进行科学合理包装?

为了防止运输、贮藏和销售过程中果实的互相磨擦、挤压和碰撞而造成的损伤和腐烂,减少水分蒸发和病害蔓延,使果实保持新鲜,桃果实采收和分级后,必须妥善包装。包装容器必须坚固耐用,清洁卫生,干燥无异味,内外均无刺伤果实的尖突物,对产品具有良好的保护作用。包装内不得混有杂物,以免影响果实外观和品质。包装材料及制备的标记应无毒性。

(1)内包装 通常为衬垫、铺垫、浅盘、各种塑料包装膜、包装纸及塑料盒等。其中,最适宜的内包装是聚乙烯等塑料薄膜,它可以保持湿度,防止水分损失,而且由于果品本身的呼吸作用能够在包装内形成高二氧化碳和低氧气的自发气调环境。

(2)外包装 桃果实外包装以纸箱较合适,可用扁纸盒包装,箱子要低,一般每箱装1层,隔板定位;或盒底上用聚氯乙烯或泡沫塑料压制成的凹窝衬垫,每个窝内放1个果,每个果用塑料网套套好以防挤压,每盒装8～12个。箱边应有通气孔,确保通风透气,装箱后用胶带封好。还可用更小的包装,如2果装、4果装和 6 果装等。

（二）疑难问题

1. 桃果实成熟度等级是怎样划分的？

（1）七成熟　果实充分发育，果面基本平整，果皮底色开始由绿色转黄绿或白色，茸毛较厚，果实硬度大。

（2）八成熟　果皮绿色大部退去，茸毛减少，白肉品种呈绿白色，黄肉品种呈黄绿色，彩色品种开始着色，果实仍硬。

（3）九成熟　绿色全部退去，白肉品种底色呈乳白色，黄肉品种呈浅黄色，果面光洁，丰满，果肉弹性大，有芳香味，果面充分着色。

（4）十成熟　果实变软，溶质桃柔软多汁，硬溶质桃开始发软，不溶质桃弹性减小。此时溶质桃硬度已很小，易于受挤压。

2. 不同品种的果实硬度有何差异？ 与采收有何关系？

果实硬度是果实品质的重要性状之一。按《桃种质资源描述规范和数据标准》，果实硬度分为 5 级，即极软、软、中、中硬和极硬。极软品种，如我国自育品种春蕾及我国传统的水蜜桃品种奉化水蜜桃等，肉质柔软，汁液多，果皮易剥离。但这类品种不耐贮藏，只有就地销售，成熟度可以大些；如果远售，果实必须青采，否则会影响其品质，因为桃果实只有充分成熟时其固有的风味品质才能充分表现出来。其中软度、中度及中硬度的品种，也不能在树上充分成熟后再采，也必须是稍早一点采收。其实这类品种就是不采收，过 2～3 天，也会迅速变软，不采自落。只有硬度大的品种，如早熟有明、石头桃、美锦等，才可以在树上充分成熟后采收。

早熟有明果实充分成熟后在树上可以挂 20 天不软,不采收不落果,对于生产者来说,果实硬度大的品种损失较少,更适宜栽培。

对于消费者来说,其消费习惯是不同的,有的爱食用柔软汁多的桃,如一些老人和南方一些偏爱水蜜桃的人;有的则喜爱果实硬度大、肉脆的,如一些北方年轻人。

从运输者及销售者来说,果实硬度小、易软的品种易被压伤和腐烂,运输距离短,货架期短,一旦销售不出去,极易造成腐烂变质,影响其效益。反之,硬度大的品种不易腐烂,果实货架期长。

比较硬的品种有:皮球桃、早熟有明、有明、八月脆、秦王、美锦、美帅、瑞光美玉和早凤王等。这类品种可以在树上充分成熟后再采收。

硬度中等的品种有:美硕、春艳、晚蜜、丰白、早红 2 号、早红宝石优系和大久保等。如果进行远距离运输,可以适度早采。

较软的品种有:早霞露、雨花露、白凤、锦香、霞晖 5 号和早黄蟠桃等。如果进行长途运输,一定要早采。

八、综合与其他

（一）关键技术

1. 提高桃果实内在品质的关键技术有哪些？

(1)选择适宜品种 根据当地的气候条件、市场需求以及交通运输条件等选择适宜种植的品种，充分发挥品种的优良特性。

(2)合理负载 根据品种特性、树体状况以及管理水平，及时疏花、疏果，使树体合理负载，这样不仅可以增大果个，提高商品果率，而且有利于丰产、稳产。北方桃产区一般产量较高，要把过高的产量降下来，在土壤有机质不是很高的情况下，产量一般为 2 000～2 500 千克/667 米^2。南方桃果实内在品质较好，与产量低有很大的关系。

(3)增施有机肥 有机肥含有较多的有机质和腐殖质，养分全面，可以改善土壤理化性状、活化土壤养分、促进土壤微生物的活动，有利于作物的吸收与生长。配合施用磷、钾肥，可以提高果实可溶性固形物含量，增加果实糖度。

(4)通风透光 选择合理的栽植密度，采用适宜的树形与整形修剪方式，及时疏除内膛旺长枝条，保持中庸树势和良好的通风透光条件，有利于果实的着色和品质的提高。

(5)生草栽培与铺反光膜 桃园行间种植绿肥生草，需在适时刈割覆于树盘行间，腐烂后将其翻入土中，不仅可以增加土壤有机质含量，而且可以改善桃园的微生态环境。铺设反光膜，可以增加树冠下部果实的光照,有利于果实着色。

2. 减轻桃果实裂果的主要技术措施有哪些?

(1)水分管理 油桃对水分较敏感,在水分均衡的情况下裂果才会轻,所以一定要重视桃园排灌。旱时适时灌水,涝时及时排水。要保持水分的相对稳定,切忌在干旱时浇大水。

(2)果实套袋 实行套袋栽培是防止裂果最有效的技术措施。

(3)增施有机肥 增施有机肥可以改善土壤物理性能,增强土壤的透水性和保水力,使土壤供水均匀,减轻裂果。

(4)加强病虫害防治 果实受病虫害危害(尤其是蚜虫危害油桃)后,会引起裂果,要加强病虫害防治。

(5)合理负载 严格进行疏花疏果,提高叶果比,促进光合作用,改善营养状况,减少裂果发生。

(6)合理修剪 幼树修剪以轻为主,重视夏剪,目的是使树体通风透光,促其花芽形成。冬剪以轻剪为主,采用长枝修剪技术;重剪会引起营养失调,加重裂果。

(7)适时采收 有些品种,尤其是油桃品种,成熟度较大时易发生裂果。枝头附近的果实较大时更易于裂果,所以要及时采收。

3. 减轻桃果实裂核的主要技术措施有哪些?

(1)科学施肥 多施有机肥,尽可能提高土壤有机质含量,改善土壤通透性。增加磷、钾肥,控制氮肥施量。大量元素肥料氮(N)、磷(P_2O_5)、钾(K_2O)和微量元素铁、锌、锰和钙等要合理搭配,尤其是要增施钙素肥料。

(2)合理灌水,及时排水 桃硬核期,20厘米处土壤手握可成团、松手不散开为水分适宜,这时应该进行控水。遇连阴雨天气,应加强桃园排水。推广滴灌、喷灌和渗灌技术,避免大水漫灌。

(3)加强夏季修剪,调节枝叶生长和叶果比 树体结构应良好,枝组强壮,配备合理,树冠通风透光。夏剪最好每月进行1次。

(4)适时疏花疏果,合理负载 对于坐果率较低的品种,最好不疏花,只疏果,推迟定果时间。对坐果较高的品种,花期先疏掉1/3的花,硬核期前分2次疏果。过早疏花疏果,会使树上果实营养过剩,造成果实快速增长而裂核,因此应适时疏花疏果,合理负载,以减少大果和特大果裂核的发生。

(5)避免依靠大肥、大水催生大型果和特大型果 依据品种特点,生长相应大小的果实。有的果农既追求高产,又追求大果,所以在果实生长后期,就采用大肥(化肥,尤其是氮肥)、大水的管理方法,这样做即会增加果实裂核率。

4. 怎样增加桃树树体的贮藏营养?

(1)防止贪青旺长 桃树秋季贪青旺长,新梢枝叶会消耗大量营养物质,不利于养分的回流贮藏,枝条发育不充实,树体储备水平低。防止桃树贪青旺长的措施有:①夏末秋初控制肥水,注意少施氮肥,增施磷、钾肥。②结合修剪对旺梢多次摘心,使其及时停长。③幼龄桃园不间作白菜、萝卜等晚秋蔬菜。

(2)早施基肥 9~10月份,根系即进入生长活动高峰,此期早施基肥。因为此期气温较高,断根易愈合并促发新根,肥料有充足的时间腐熟和分解,利于根系吸收。基肥以有机肥为主,配合施用速效氮素化肥和适量磷、钾肥。

(3)秋季修剪 果实采收后,光合产物开始由上部运向树干和根部。进行秋季修剪,剪去过多的幼嫩新梢,可以减少养分无效消耗,改善树体通风透光条件,提高内膛叶片光合功能,利于花芽充实饱满和养分回流贮藏。修剪的方法有:①对角度较小的枝条进行拉枝开角或摘心,改变其生长极性,使其早停长。②疏除内膛徒长枝和枝组先端旺枝。③回缩内膛和下垂的细弱枝,依空间大小,对多年生大中型枝组和辅养枝进行回缩改造。

(4)保叶、养叶 采果后及时防治病虫,喷药与叶面喷肥结合进行。保护叶片不受病虫危害,防止叶片早期脱落。尽可能延长光合作用时间,提高叶片光合效率,增加树体营养积累。

(5)控制负载量 结果过多,会过度消耗树体养分,不利于贮藏营养积累。应严格进行疏花疏果,控制负载量。

5. 桃树果实采后还要进行什么管理?

(1)及时防治病虫害 由于果实已采收,害虫主要是危害叶片、枝条和主干。一般采果后的害虫有:潜叶蛾、红颈天牛、绿盲蝽、卷叶蛾和一点叶蝉等,在早熟品种上可能还有红蜘蛛。分别用阿维菌素、灭幼脲三号、氟虫腈和菊酯类等防治红蜘蛛、潜叶蛾、绿盲蝽和卷叶蛾等。对红颈天牛要及时发现、及时钩杀,并用药泥填满危害孔洞;雨后人工捕捉成虫。

主要病害是细菌性穿孔病,可用硫酸锌石灰液(硫酸锌 0.5 千克、消石灰 2 千克、水 120 升)防治。

(2)适度修剪 早熟品种采收后一般进行 2～3 次夏季修剪,中晚熟品种进行 1～2 次,视其生长情况而定。一般包括以下修剪内容:①疏除背上直立枝,对于有空间保留的,可在基部 2～3 个分枝角度较大、生长较弱的副梢处短截;②疏除结果后的下垂枝、交叉枝、重叠枝及过密枝;③对衰弱枝组、过高枝组和过长的枝组进行适当更新回缩;④对于直立枝可进行适当拉枝,开张角度,缓和生长势。

(3)土肥水管理 避免草荒,及时进行中耕松土、除草,使土壤疏松透气,最好不用除草剂除草。在干旱地区,如条件允许,可以在树盘内进行覆草。9～10 月份施有机肥,宜早不宜迟,施肥量掌握在产量与肥料之比为 1∶1～2,盛果期树一般每 667 米^2 施有机肥 3 000～5 000 千克,并可适量施入微量元素,如硫酸亚铁、硫酸锌和硼砂等。注意有机肥要充分腐熟，并与土壤充分混匀后使用，施后充分灌水。对于晚熟和极晚熟品种，要在果实成熟前施入。如果树势不是太弱，采果后可以不施化肥。可以结合喷药，进行根外追肥，肥料种类以磷酸二氢钾为主。果实采收后进入雨季，如果雨量充足可以不浇水，此期可保持适度干旱，但如果出现严重旱情，也应及时浇水。如果遇大雨或暴雨出现涝害，要及时进行排水，尤其是低洼地区，不要出现积水。

6. 桃树生长过旺不结果或结果少怎么办？

出现生长过旺不结果的桃树，多数是因为此树为无花粉品种，即生长过旺，徒长性果枝多，坐果率也低。针对此问题，应采取以下措施。

(1)修剪 冬剪时要轻剪，少短截或不短截，只疏除背上直立枝和过密枝，使内膛通风透光，其余结果枝保留。夏剪时及时拉枝、摘心和疏除过密枝及旺长枝。

(2)肥水 不施氮肥，也不施有机肥，等到结果后再施肥。少浇水，适度干旱。

(3)保果 有果即保，对于无花粉品种，要进行人工授粉，尽量多留果。

7. 怎样保持树势的中庸状态？

中庸树势是与过旺和过弱树势相比而言的，是介于两者之间的一种较为理想的树势。中庸树势的营养生长与生殖生长比较协调，适宜的结果枝较多，长、中、短果枝的比例较为合适，没有或极少有徒长枝，桃树在结出优质果的同时，还可长出用于翌年结果的枝条。树冠内光照好，叶片光合作用旺盛，花芽饱满，不但当年果实果个较大、品质较好，也有利于翌年产量的形成和品质的提高。

中庸树在修剪、施肥、留果量上要注意适量,避免树势过旺或过弱。主要措施有如下几点。

(1)修剪 要做到轻重结合,避免修剪过重,导致树势转旺,也要避免修剪过轻,结果过多,导致树势变弱。应重视夏季修剪。

(2)负载量 留果量要适宜,按树体的大小、年龄等进行留量,一般留果量在 $2\,000\sim2\,500$ 千克$/667$ 米^2。

(3)施肥 要多施有机肥,少施化肥。

(4)病虫害防治 及时防治病虫害,尤其防治好枝干、叶片和果实上的各种病虫害。

8. 中庸树势一旦转弱,应怎么办?

中庸树势转弱的主要原因是负载量过大,转弱后易发生黄叶病。应注意以下几点。

(1)修 剪

①疏枝 要疏去弱枝和下垂枝,保留较壮、朝斜上方的较粗的长果枝。

②短截 增加长果枝、中果枝的短截数量和短截程度;进行较重的短截,剪口芽要饱满,留上芽,这样可以促进营养生长,使树势变壮。

(2)留果量 坐果过多已经导致树体变弱了,这时一定要减少留果量甚至不留果,以保证能生长出较为健壮的结果枝,增加长果枝的比例,使树势得到充分恢复。

(3)施 肥

①增施有机肥 有机肥一方面改良土壤,促进根系发育和地上部的生长,使树势强壮;另一方面也能提供更为全面的营养,如氮、磷、钾及各种微量元素等,从而提高果实品质。施肥量为

$4\,000\sim5\,000$ 千克/667 米^2。

②增施氮肥　氮肥的施入量也要适宜,不可过多,以免造成树势过旺。一般在春季萌芽和新梢生长前期施入氮肥 $20\sim50$ 千克/667 米^2。

(4)病虫害防治　在病虫害防治上,主要是做好全年的病虫害防治,以保证叶片、枝条和果实的正常生长。

9. 怎样进行桃树伤口保护?

(1)伤口类型　伤口一般包括剪口、锯口、病疤以及其他人为因素等造成的桃树表皮和皮层破坏、木质部断裂和外露等现象。

(2)伤口危害

第一,伤口容易感染侵染性病害,如干腐病、桃树流胶病等。

第二,伤口为某些虫害的入侵口,例如,红颈天牛成虫易从大伤口下产卵,卵孵化出的幼虫即进入树皮内危害。

第三,伤口可散失大量的水分,特别是冬、春树体活动相对较弱期,伤口加上寒冷干旱,会使树体水分散失的时间长、速度快,危害更大,可造成树体衰弱,抗病、抗逆能力,果品产量、质量降低。

第四,皮层为运输有机养分的主要通道,伤口阻断了营养物质上下运输,根系得不到养分,树体变衰弱,严重者也会影响果实大小和品质。

(3)伤口保护　涂抹伤口保护剂,可在伤口上形成一层保护膜,既防病又保水,还能促进愈合。

(4)几种伤口保护剂配方

①波尔多浆保护剂　用硫酸铜 0.5 千克、石灰 1.5 千克、水 7.5 升先配成波尔多浆,再加入动物油 0.2 千克搅拌均匀即可。

②灰盐保护剂　用石灰 1 千克、盐 0.05 千克、水 1 升,加少量鲜牛粪搅拌均匀即可。

③固体蜡材料　松香 0.4 千克、蜂蜡 0.2 千克、牛羊油 0.1 千

克。配制方法：先用文火把松香化开，再把蜂蜡、牛羊油加入，熔化后倒入冷水盆内冷却，冷却后取出，用手搓成团备用，用时加热化开。

④液体蜡材料　松香 0.6 千克、牛羊油 0.2 千克、酒精 0.2 千克、松节油 0.1 千克。配制方法：先将松香和牛羊油加热化开，搅匀后再慢慢加入酒精和松节油，搅拌均匀，装瓶密封备用。

⑤松香漆合剂　取松香、酚醛清漆各 1 份，先把酚醛清漆煮沸，再将松香倒入搅拌即可。

⑥牛粪保护剂　取牛粪 5 份、黄泥 5 份，加 50 毫克/千克的赤霉素调成糊状，涂抹伤口。

（二）疑难问题

1. 桃树栽培管理的四大环节是什么？为什么四者都很重要？

广义的桃树栽培管理的四大环节包括病虫害防治、整形修剪、土肥水管理和花果管理。

第一，病虫害防治是获得产量和品质的保证。病虫害没有治住，将造成果实减产或品质降低，严重者可以造成死树，所以病虫害防治是桃树管理的最为重要的环节。它是通过"认识病虫害（危害情况和发生规律）——选择防治方法（防治时间、采取措施、农药选择等）——有效控制"的过程实现的。

第二，整形修剪的过程是一个调整的过程，通过去掉桃树的部分组织（枝条、新梢）或者改变枝条的角度或方向，调节生长和结果之间的关系，以达到生长与结果协调的目的。整形修剪本身不会增加营养，只会减少营养。

第三，土肥水管理是一个增加营养（提供给桃树所需的营养与水分)的过程,同时也是一个改进土壤理化性能,为根系创造一个良好的生态环境的过程。

第四,花果管理是在以上3个环节的基础上,通过对花(培育出优质花芽,开出优质的花朵,疏花和授粉)、果实数量控制(疏果)和质量控制(套袋和反光膜)等,达到最终目的——高产优质。

2. 从事桃生产应树立哪些观念?

(1)果实品质 随着桃树生产的发展,市场将由数量竞争转变为果实品质竞争,竞争也会变得越来越激烈。果实品质包括外观品质和内在品质,外观品质主要表现为果实大小、果面着色、果实洁净度等;内在品质主要表现为果实可溶性固形物含量、果实口感、果实硬度和香味等。提高外观品质相对容易,提高内在品质是一项紧迫的任务,需引起生产者重视。

(2)果品安全 当前食品安全已成为政府与消费者关注的焦点。在桃树上,就是要科学防治病虫害,提倡农业防治、生物防治、物理防治,科学进行化学防治,严格按无公害或绿色果品生产要求使用农药,多应用生物农药、矿物类农药和低毒农药,绝不能用高毒农药。要把生产安全的桃果实放在重要的位置。

(3)可持续发展 桃树是多年生果树,其经济寿命为15~20年,为此果农不应进行掠夺式经营,而是要长期规划,在生产优质果品的同时多注意科学投入、科学管理,使桃树实现高产、稳产、优质、高效。可与生草、种草结合,与养殖结合,实现可持续发展。

(4)重视地下管理 桃树的浅层根系为根系的主要活动区域,它对花芽的形成及果品质量提高起着决定性的作用。所以,为根系创造一个优良的环境条件,使其处于温、湿度相对稳定、腐殖质含量高的环境之中非常重要。可以采用桃园生草、重施有机肥和桃园覆盖等措施提高土壤有机质含量,并改善土壤的理化性能。

(5)优良品种与栽培技术同等重要 优良品种十分重要,但任何一个品种只有通过科学合理的栽培技术,其优良特性才能充分地表达,所以要根据品种的生物学特性进行相应的栽培管理。

3. 怎样提高桃树经济寿命?

第一,防治病虫害,尤其是蛀干害虫,如红颈天牛、桃绿吉丁虫和桃小蠹等。

第二,适宜的栽植密度。栽植密度不宜过大,一般情况下,栽植密度与寿命成反比,密度越大,寿命越短。

第三,多施有机肥,改善土壤理化性状,促使桃树根深叶茂。

第四,科学修剪,防止结果部位外移,尽量少锯大枝,避免造成大伤口。

第五,减少冻害发生,避免主干和主枝日灼。

第六,负载量适宜,树势中庸。

4. 增大桃果个的方法有哪些?

(1)选用大果型品种 不同品种的果实大小不同,果个较大的品种有:深州蜜桃、仓方早生和大久保等,无花粉品种多为大果型品种。

(2)疏花疏果 疏花疏果是提高桃果实大小最有效的方法。

(3)科学施肥 有机肥与氮、磷、钾肥配合施用。有机肥施足量时,不施化肥也可生产大果型果实。

(4)合理浇水 适度浇水可以在不降低内在品质和产量的基础上,增加单果重。但不要在采收期大量浇水。

大型果商品价值高,更能得到消费者、生产者青睐,但增大果个要与提高品质相结合,不要过度地追求果个大小,要在保证提高桃果实内在品质的基础上生产大型果。

5. 观光采摘桃园怎样选择品种?

观光采摘桃园的品种选择不同于一般的桃园,主要是突出多样性。

(1)成熟期 为延长采摘期,可以从极早熟到极晚熟的品种中挑选,可以 7 天安排 1 个品种。

(2)果实类型 普通桃、油桃、蟠桃和油蟠桃等。

(3)果肉颜色 白肉、黄肉、绿肉和红肉等。

(4)果实硬度 可以选柔软多汁的水蜜桃,也可选采收期长、硬度较大的硬质桃。

(5)果实大小 不同品种果实大小差异较大,目前有果个极大的品种,也有果个极小的袖珍型品种。

(6)观花、叶片和枝条 可以选重瓣花品种、红叶桃品种、垂枝桃和曲枝桃品种。

6. 桃果实优质不优价怎么办?

(1)优质不优价的含义 目前所说的优质不优价,指的是内在品质优良,但是市场价格不高。相对来说,外观品质好的价格还是较高。内在品质是通过品尝来实现的,不像外观品质那样明显,可以通过感官来进行判断。难于通过外观品质来推断内在品质的优劣,两者没有直接的相关性。也就是说,外观品质好的内在品质不一定也好;反之,内在品质好的,外观品质也不一定就好。

(2)进行品牌运作 品牌运作可由一些公司来运作。首先确定本公司的定位就是以生产内在品质优的果实为目的,采取统一栽培管理、统一销售的方式。栽培管理中增施有机肥,适度降低产量,合理修剪,树冠通风透光。

(3)改变人们的消费观念 果实是用来吃的,不是用来观赏的,仅有好看的外表,而没有优良的内在品质不是优质果实,也不应作为精品果。在一定范围内,内在品质与果个大小有一定的正相关,超过一定程度后,随着果个的增大,果实内在品质反而下降。

7. 什么是桃园管理档案？建立桃园管理档案有什么好处？

桃园管理档案就是桃农将建园的基本情况,每年的桃树周年栽培管理技术以及其他相关因子逐项记录下来。管理档案可以事先编制好小册子,按具体内容和要求逐项填好,每年完成一册,编号保存。开始时,每年结束后总结经验,对记录的内容进行适当调整。一旦确定下来,就要保持其稳定,以便日后进行对比。

桃园管理档案有如下用途:一是作为历史资料积累。二是便于总结生产经验,分析存在问题,有利于翌年进一步做好工作和提高技术水平。三是作为提出任务、制订计划的依据。如果逐年整理总结桃园的技术档案,这将有助于桃农成为一名理论与实践结合好的成功的技术人员。

桃园管理档案的记载,有利于桃农养成及时记录、总结和思考的好习惯,学会如何自己监测桃园、积累桃园技术资料。日积月累后这些资料会慢慢显现出其应有的价值。

8. 桃园管理档案应记录哪些内容？

第一,建园基本情况。主要包括:品种、面积、苗木来源、质量、砧木、栽植日期、栽植方式、密度、授粉树的配置方式及数量、栽植穴大小、深度、施肥种类、数量、土壤深度、理化性状及土壤差异分布、栽后主要管理措施、成活率、补栽情况及幼树安全越冬情况等。

第二,物候期。主要包括:萌芽期、初花期、盛花期、新梢生长、果实着色、果实成熟、落叶期等。

第三,桃园管理情况。包括:整形修剪、土肥水管理、花果管理、病虫害防治等主要栽培技术、实施日期及实施后效果。

其中,病虫害防治可以记录下桃园病虫害种类、发生时间、分布情况、消长规律、每次喷药的时间、药剂种类、使用浓度、防治效果、药剂的不良反应、天气情况等。其他的管理技术同样如此。

第四,主要气象资料及灾害性天气记录。气象资料包括:气温、地温、降雨等。灾害性天气包括:低温冻害、雪灾、霜冻、冰雹、大暴雨、旱、涝、干热风等。

第五,果品产量、质量(分级类别、销售数量等)与价格。

第六,人力、物力投入情况,单项技术成本核算和综合的投入与产出的分析。

第七,其他方面。例如,平时的一些想法、工作体会、经验教训,以及生产中出现的一些不正常现象,如药害等。

参考文献

[1]　汪祖华,庄恩及.中国果树志—桃卷[M].北京:中国林业出版社,2001.

[2]　郗荣庭.果树栽培学总论[M].北京:中国农业出版社,2000.

[3]　马之胜,等.桃优良品种及无公害栽培技术[M].北京:中国农业出版社,2003.

[4]　马之胜,等.桃病虫害防治彩色图说[M].北京:中国农业出版社,2000.

[5]　马之胜,贾云云.无公害桃安全生产手册[M].北京:中国农业出版社,2008.

[6]　马之胜,贾云云.桃安全生产技术指南[M].北京:中国农业出版社,2012.

[7]　冯建国,等.无公害果品生产技术[M].北京:金盾出版社,2000.

[8]　周慧文,等.桃树丰产栽培[M].北京:金盾出版社,2003.

[9]　姜全,俞明亮,张帆,王志强.种桃技术100问[M].北京:中国农业出版社,2009.